任性出版

總有一天會養貓

你與幸福的距離，只差一隻貓。有六貓一狗的化學博士，
用10年鏟屎官經驗加科普精神，理解喵食喵事。

10+年鏟屎官經驗的化學博士　斑斑◎著
豆瓣「靈魂貓派」小組組長　阿科◎繪

貓鬍鬚往哪擺，意思大不同，猜一猜主子現在心情如何？

→答案見第 93 頁

貓的眼睛會說話，鏟屎官你看懂了嗎？

→答案見第 61 頁

哪些食物不能給貓咪吃？

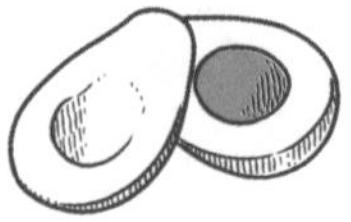

酪梨

葡萄

堅果

洋蔥

酒精

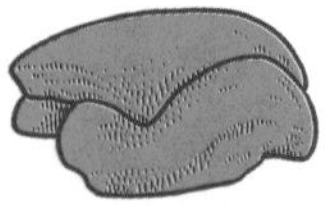

動物肝臟

可可鹼

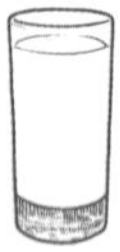

牛奶

果仁

生雞蛋

生馬鈴薯和生番茄

生魚

→答案見第 126 頁

尾巴左右快速搖是開心？
看到哪種尾巴千萬別惹？

→答案見第 77 頁

CONTENTS

第二章 喵食喵事

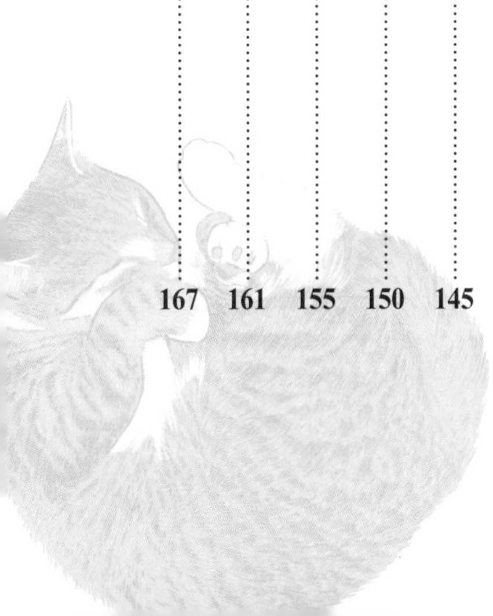

推薦序一

愛牠，就該了解牠

臨床心理師、作家／李郁琳

接到出版社來信邀約撰寫推薦序時，她說：「知道您雖然沒有養貓，但很喜歡在網路上雲端養貓，深深了解『總有一天會養貓』的心情。」齁！光是看到這段文字，我就覺得太有誠意了，連我是用雲端養貓的方式都知道，再看到這本書的書名「總有一天會養貓」，更讓我發出會心的一笑，想說一定要來推薦這本書。

「……家貓的祖先是非洲野貓……貓被人類馴化並不是一個突然的事件，而是一個漸進的過程。」、「……在賽普勒斯最早的人類聚居地遺址的挖掘工作顯示，在九千五百年前已經有了貓咪遺骸，有一隻貓和人類埋葬在一起。」在閱讀的過程中，我才了解，原來這些可愛的毛茸茸生物，還有這麼多我不知道的故事。

作者是一位化學博士，家中養了六貓一狗，他認為愛牠，就應該了解牠，所以他運用做科學研究的精神和熱情來研究貓。在書中，我不僅看到作者身為理工人的嚴謹，也看到一位貓奴因為愛貓而努力進行觀察、研究。從貓的基因、貓毛的顏色、缺陷與疾病……一直到貓的各種行為。他一直都在傳遞一個想法，也是生命教育的真諦——愛牠，請多了解牠，用牠「需要」的方式，而不是人類自己的「想要」。

在書中有一篇〈如果有一天，貓要回喵星〉（見第一百六十七頁），我刻意留到最後才看。因為生死議題，一直是需要時間去撫平傷痛的事。雖然我沒有養過貓，但我有經歷過寵物鼠生病離開的痛楚，當各種治療都已無濟於事時，到底該放手還是奮力一搏，我相信是每個飼主心中難以抉擇的關卡。

面對生死，永遠沒有準備好的一天！也許我們想要的，不過是希望能少點遺憾，多爭取一點和牠在一起的時間而已，但，這是正確的選擇嗎？我們可能永遠找不到答案，不過，作者在書中針對是否該考慮對貓進行安樂死，提出五點準則供讀者參考。

對我來說，這是一本理論與實務並重的書，對我這個雲端豢養寵物的想像貓奴來說，閱讀後非常有收穫，至少我知道，在生命面前，做好基本的準備功課再開始，能給牠更好的貓生；我也相信這本書對於貓奴新手或老手，閱讀後也都能有所收穫。

推薦序二

一本從貓屎寫到貓史的百科全書

動物溝通者／春花媽

好久沒有看一本貓書，看到都不用去找其他資料來看，一看就是爽！作者是理科人，跟我這種用水揉成的文科生完全截然不同。在他的文章中儘管用引經據典的方式介紹貓的前世今生，但讀起來一點也不會晦澀難懂，我覺得他……真的！被貓教得很好！

本書從貓的外在、行為、飲食、關係，延伸談到人與貓的關係，還有貓這種生物偉大的歷史痕跡，附錄更是收入了貓分類表。我之所以喜歡這本書，有三個原因，一是作者所提供的資訊很豐富、有條理，擴展了我原有的認知，讓我更加了解貓。時代在進步、貓咪也在進化，人類不能躺著就算了，幸福往往是要靠自己爭取而來的，貓奴的地位也是。

二是作者親切淺白的說明。無論是養貓的鏟屎官，或是開始被貓迷住的小粉絲們，對於作者的寫作口吻，一定會有種親切的感受，就是有點被虐，但是又想要被摸頭的那種口氣，有種互相鼓勵的親切感。

還有一個原因是，作者勇於正面談論貓咪的困境，不管是養在室內，或是不慎被放養在外面的，如果我們希望貓咪可以過得更好，我們能做些什麼來幫助牠們？

市面上的貓書很多，但是我很願意推薦這本謙卑的貓百科，花點時間好好讀，能讓我們對貓咪有更多謙卑的理解，也會更有底氣面對未來的生活，幸福往往都是一步步踏實的走出來，面對問題，我們會是彼此更有力的支持！

多了解貓咪，有助於人類的謙虛，愛貓萬歲！貓奴萬歲！

引子 你與幸福的距離，只差一隻貓

貓的故事要從很久很久之前講起，大約在三千五百萬年前的始新世晚期，貓的祖先出現在地球。到了兩千三百萬年前至五百三十三萬年前，如今貓科動物中的所有成員就都出現了。二〇一七年，人類透過對現存貓科動物系統發育關係的形態學和分子學研究，更新了整個貓科的分類情況（詳細分類見附錄01），分成了兩個亞科、八個世系、十四個屬、四十一個種和七十七個亞種。

這裡面有很多人類熟悉的面孔，比如獅子、老虎、獵豹這些能在動物園裡看到的常客，或者雲豹、雪豹、猞猁（*Lynx lynx*）和兔猻（*Otocolobus manul*）這些在電視節目中偶爾會出現的大貓。對人類來說，這些貓科動物裡的絕大多數，都不能陪伴在人類周圍。

貓究竟來自何處？

那些能和人類一起生活的貓，大部分都屬於家貓，學名叫做 *Felis catus*，在分類的最後一個世系中。**家貓之外，其他的貓屬動物（*Felis* spp.）都是野貓**。然而，野生家貓和本地野貓（野貓是指 *Felis* 屬下非 *Felis catus* 之外的所有種）在形態上難以區分，彼此偶爾也會雜交，這使得「貓究竟來自何處？」這一問題，在人類學者的研究中有著不少分歧。

在較早的研究中，根據對來自義大利的純歐洲野貓（*Felis silvestris*），及非洲野貓（*Felis lybica*）的種群形態計量學分析，和同功酶（Isozyme）變異性比較，人類學者得出：**非洲野貓最有可能是家貓的祖先**；而一項對蘇格蘭貓科動物的毛皮，和其他形態變異的研究，則挑戰了野貓和家貓可以根據身體特徵區分的觀點；還有研究認為，家貓和野貓的基因流動可能非常普遍，從而模糊了牠們之間的形態和遺傳差異。

二十一世紀初，在人類、小鼠和大鼠基因組計畫完成之後，美國國家衛生研究院（National Institutes of Health）組織了一個委員會來決定下一個基因組的研究。人類最終選擇對狗的基因組進行測序，而貓不幸落選，這導致人類在很長的時間內，對貓的族譜處於霧裡看花的狀態。

最近，人類基因研究讓這個問題有了一定的答案。對粒線體（mitochondrion）和微衛星ＤＮＡ[1]變異的分析已確定，**所有家貓都來自北非、近東亞種非洲野貓**，馴化可能發生在新月沃土[2]。來自以色列、阿拉伯聯合大公國，和沙烏地阿拉伯偏遠沙漠地區的非洲野貓的倖存亞群，在遺傳訊息上幾乎與家貓不可區分。

說非洲野貓是家貓的祖先還有其他的原因：所有現有的考古證據，都指向了家貓起源於北非或西亞。另一種曾經被人類當作家貓祖先的貓——歐洲野貓，在行為證據上與家貓非常不同。

歐洲野貓在被逼到絕境時，會顯得極度膽怯，又非常凶殘。由於牠們的這一特性，即使人類從牠們很小時就開始對其進行培養和馴服，依舊不能把牠們馴化。歐洲野貓和家貓之間的第一代雜交貓，在行為上也趨向於與野生親本[3]相似，這使得歐洲野貓成為一個相對不適合馴化的候選物種。

相比之下，非洲野貓則具有更溫順的性情，並且經常在人類村莊和定居點附近生活和覓食。一八六〇年代，德國植物學家格奧爾格．施維因富特（Georg Schweinfurth）在南蘇丹的一次旅行中觀察到，當地的邦戈人經常會捕捉一些小貓，「讓牠們在自己的小屋和圍欄裡生活，在那裡長大，並與老鼠進行自然的戰爭」。施維因富特自己也深受老鼠的折磨，該死的老鼠會吞食他珍貴的植物標本，於是他買了幾隻這樣的貓。

1 Microsatellite DNA，微衛星是二至六個核苷酸組成的重複單元，串聯十至六十次而成的簡單重複序列。
2 Fertile Crescent，指西亞兩河流域及其毗鄰的地中海東岸（敘利亞、巴勒斯坦一帶）的一片弧形地區。因土地肥沃，形似新月，故名。為上古文明發源地之一。
3 指動植物雜交時所選用的雌雄性個體。

他寫道：「牠們在被捆綁了幾天之後，似乎不再那麼凶猛，並適應室內生活，以便在許多方面接近普通貓的習慣。」到了晚上，他把牠們放在自己的行李上，這樣就可以不用再擔心老鼠的破壞，可以安心上床睡覺了。

大約一個世紀後，一位名叫雷伊．史密瑟斯（Reay Smithers）的作家發現，辛巴威的野貓很有趣。牠們像歐洲野貓一樣難以馴服，但成功馴服後，就會變得非常友好。

他寫道：「外出一天回家時，牠們往往會變得非常深情。當這種情況發生時，你不妨放棄正在做的事，因為牠們會在你寫東西的紙上到處走動；在你的臉上或手上摩擦自己，或者跳到你的肩膀上；在你的臉和正在讀的書之間試探；在你肩上滾動、嗚嗚叫、伸展自己，有時甚至會掉下來。牠們的熱情，總結來說，要求你全神貫注。」史密瑟斯還指出，這些貓比家貓更具有地域性，牠們之間的第一代雜交貓，在行為上更像家貓的父母。

另外，語源學也有證據支持家貓起源於北非或西亞這一觀點。英語單字「cat」、法語「chat」、德語「katze」、西班牙語「gato」、四世紀的拉丁語「cattus」，和現代的阿拉伯語「quttah」似乎都源自努比亞[4]語單字「kadiz」，意思是貓。同樣，英語中的「puss」和「pussy」（均指小貓或貓咪），以及羅馬尼亞語中的「pisica」一字，也被認為來自埃及貓女神芭絲特（Bastet）的另一個名字「Pasht」。

野貓何時變家貓？

既然知道了家貓的祖先是非洲野貓，那麼接下來就聊聊貓和人類是怎麼走到一起的吧。貓被人類馴化並不是一個突然的事件，而是一個漸進的過程，因此也很難說人類對貓咪馴化的確切時間和地點。但一般來說，**人類馴化動物分為兩個不同的階段：第一階段是動物的捕捉、飼養和馴服，沒有任何蓄意的嘗試來調節牠們的行為或繁殖；第二階段是有意識、有選擇性的調節和控制動物的行為和繁殖，以達到人類想要的特定結果。**

在第一階段中，動物往往只伴隨著與野生型的輕微形態差異，比如體形略微縮小，難以與其野生祖先區分。相比之下，第二階段通常會跨越廣泛物理特性，使動物產生和其野生祖先的實質性差異。對貓來說，完全馴化的標誌包括廣泛出現在祖先物種地理範圍以外的地區，或者人類把貓的形象轉化為藝術的形式、呈現在各種作品中，以及出現專門為繁殖和飼養貓所製作的物件。

可以說，人類在馴化貓的路上走了大概一萬年。來自地中海賽普勒斯島的考古

4 努比亞（Nubia），位於埃及南部與蘇丹北部之間沿著尼羅河沿岸的地區，今日位於亞斯文（位於尼羅河第一瀑布下游）與凱里邁（或稱庫賴邁，位於尼羅河第四瀑布下游）之間。

證據提供了重要線索。賽普勒斯島自形成以來，一直與小亞細亞半島（Asia Minor Peninsula）相隔約六十至八十公里。因此，它沒有本地的貓科動物。

然而，在賽普勒斯最早的人類聚居地遺址的挖掘工作顯示，**在九千五百年前已經有了貓咪遺骸**，有一隻貓和人類埋葬在一起。這隻貓咪的遺骸較大，種種跡象顯示牠屬於非洲野貓。牠在島上與人類一起生活和死亡的唯一原因，只可能是牠被這裡的第一批人類殖民者馴服，並用船運了過去。此外，差不多一萬年前的新石器時代早期，黎凡特（Levant）[5]居民已經有捕捉和馴服野貓的習慣，並且會帶牠們遠洋航行。這一時間也與家貓譜系的遺傳證據彼此印證，非洲野貓的馴化起源時間與此非常接近。

在巴勒斯坦的考古研究中，人類發現了非洲野貓骨頭和牙齒的碎片，挖掘出來的人類遺跡處於新石器時代，可追溯到西元前八千年至西元前七千年。在埃及，最早的貓咪遺骸在一個墓中被發現，可追溯到西元前六千年，那隻貓咪和羚羊一起，陪著牠們的主人去了另一個世界。

不過，人類學者中也有人持不同的意見，比如美國自然史博物館的湯姆·羅思韋爾（Tom Rothwell）認為，這些都不是馴服的證據。他說：「這只是一些貓和人一起埋葬罷了。如果這隻貓是一隻寵物，墳墓裡應該還有項圈、玩具或食碗。」他認為，貓被馴化的確鑿證據，來自西元前一千多年的埃及壁畫，那時候貓咪和老鼠開始同時出鏡。在這個時期，另一個貓被人類馴化的標誌是，牠們被古埃及人做成了木乃伊，這也使得人類能夠從中提取到古代埃及貓的粒線體DNA。

雖然貓非常謙虛的承認自己是被人類馴化了，但人類學者的研究中有著一種不同的觀點，有人認為貓的馴化過程其實是一種自主行為。

大約一千一百年前，中東農業逐漸發展，人類開始種植穀物，並儲存剩餘的穀物，小齧齒動物、野貓被當地豐富的食物所吸引，隨後入侵並殖民了新石器時代的城鎮和村莊。這些城鎮和村莊的居民，立即發現允許家貓的祖先出沒在房屋和糧倉周圍，所帶來的好處。

這一過程反過來作用於家貓的祖先，其中那些膽子較大、腦袋又好的個體最終成為永久性城市家貓種群的「創始人」，牠們開始越來越依賴人類所帶來的食物和庇護所。

這麼聽起來是不是很有道理？這個假設的情境讓人覺得很合理，而且肯定會吸引那些欣賞貓咪與生俱來的獨立精神的人群。但事實上，這種假設低估了人類在動物馴化過程中的積極性。貓並不是那麼自然而然來到人類身邊的，這裡面少不了人類的作用。人類透過捕捉和馴服，把貓作為寵物來培養，兩者之間才最終演變成了如今的關係。

5 指中東托魯斯（Touros）山脈以南、地中海東岸、阿拉伯沙漠以北和上美索不達米亞（Mesopotamia）以西的一大片地區。

寵物飼養不是現代人類的專利，根據人類在歷史上表現出對於各種寵物的痴迷，沒有理由認為新石器時代的人類會有任何不同。在亞馬遜河地區，仍然存在少數靠狩獵和採集為生的部落。狩獵者通常在捕獲幼小的野生動物後，會將牠們帶回家，然後將牠們作為寵物飼養，通常由女性負責。這些寵物會被非常熱情的餵養和照顧。

一般情況下，牠們不會被殺死或食用，即使牠們可能屬於可食用的物種。當牠們因自然原因死亡時，飼養者常常會感到悲傷。大量不同品種的鳥類和哺乳動物以這種方式被飼養，其中自然包括貓科中的一些成員，如虎貓、豹貓，甚至美洲虎。更重要的是，這些動物不是因任何功能或經濟目的而飼養。牠們被視為被收養的孩子，被人類照顧和縱容。家貓的祖先非洲野貓，也正是如此成了人類祖先鄉村生活的一分子。

所以說，新石器時代農業的出現，伴隨著人類定居的農業社區的形成、收穫穀物的儲存，以及共生齧齒類動物的繁殖，確實提高了貓科動物的工具價值，並為貓提供了一個更為持久的生態地位。但是，如果人類和貓之間沒有預先存在的社會聯繫，馴化就不太可能進行。

被人類馴化，讓貓成為貓科動物中，唯一沒有瀕危或受威脅的種類。據說目前在地球上，貓已經超過六億隻。牠們不再遊蕩於沙漠中尋找大自然的食物，而是坐在沙發上，等著鏟屎官回家，然後繞到他的腳邊，喵喵的叫著，告訴他：「我肚子餓了。」

第一章

收服喵星人，先懂這些喵喵事

01 五千代的變形記

貓和人類一起生活了一萬年，差不多是兩個中華文明存續的時間。貓一般在一歲前就會性成熟，可以繁殖交配、生下小貓，因此若按照兩年一代來算，人類已陪伴貓走過了五千代。在五千代的歲月裡，發生了好多事情。比如，現在的貓和其祖先長得越來越不一樣。英國短毛貓（British Shorthair）毛短而密，頭大臉圓；布偶貓（Ragdoll）頭呈楔形，皮毛豐厚；俄羅斯藍貓（Russian Blue）體形細長，掌小且圓；斯芬克斯貓（Sphynx）長得像外星人一樣，只剩下一層細緻的絨毛。

不過需要事先聲明的是，前面的四千九百六十代形成的品種數量，其實不到現在的一半。因為在人類的歷史中，家貓被馴養後並沒有得到「過多」的關心。這跟貓的鄰居——狗不一樣，**狗被馴化的時間是貓的兩倍**。更重要的是，在歷史中，人類很快意識到狗可以執行高度專業化的任務。透過選擇性繁育，生活在不同環境中的人們，開始培育可以幫助人類生存的狗。例如在山區放牧的狗，其性狀要求就不同於在牧場放羊的狗。因此，非常謹慎的雜交手段和特定性狀的選擇，在狗品種的形成上至關重要。

相比之下，貓通常在人類家庭中僅擔任兩種角色：伴侶或害蟲殺手。由於貓咪自然的模樣和性狀，完成這兩個任務已是綽綽有餘，所以人類並不傾向於大幅改造貓的身體。對於品種貓的追求和其選育高潮，僅僅是近八十年來的事情。在這近八十年的努力下，如今美國愛貓者協會（The Cat Fanciers' Association，簡稱CFA）認定的品種貓有四十五種。相比之下，根據美國犬業俱樂部（American Kennel Club，簡稱AKC）的認定，目前狗的品種有一百九十九種，世界畜犬聯盟（Fédération Cynologique Internationale，簡稱FCI）則承認三百四十種品種犬。

家貓的品種與進化過程

儘管人類沒有把貓當作一種工具，而特地去改變貓的形態和功能，但是，世界各地的人還是有意識的選擇了某些類型的貓。這種「品種選擇」往往基於美學的原因，涉及的特徵往往是皮毛的顏色、花紋的樣式等。在前面提到的四十五種品種貓中，有十六個「天然品種」被認為是家貓的區域變種（見附錄02），牠們形成的時間，早於人類對貓進行針對性繁育的時間。其餘品種通常被定義為源自天然品種的簡單基因突變。

人類學者根據貝氏分類（Bayesian Classifier）和親源關係樹（Phylogenetic Tree，又稱演化樹，見附錄03），將**世界上所有的貓按地區分為四個不同的群體：地中海地區、亞洲、西歐和東非。**

▲圖 1-1　第一批被貓協會註冊的貓品種。

在地中海地區，各區域貓的遺傳多樣性保持相當一致，這大概是由於古代船隻和大篷車[1]的貿易，促使貓在這個地域中不斷流通。但地中海地區某些區域中的貓，存在著一些有趣的狀況。比如，義大利和突尼斯的貓是西歐貓和地中海貓的雜交，這或許是地中海地區與西歐國家，在歷史中複雜關係的印證。

類似的現象在別的地域中也可以看到。比如，**來自新加坡的貓，是東南亞、歐洲的貓和其他許多地方的貓雜交**，這可能是英國殖民主義和近代海運發展所造成的現象。**斯里蘭卡的貓，是阿比西尼亞貓和其他東亞或西歐品種貓的雜交**，這可能是阿拉伯海的海上貿易路線，加上近代的英國殖民主義造成的。

最有趣的差異出現在亞洲的貓群。在遺傳上，亞洲的貓與地中海地區、西歐和非洲的貓都不同，這種遺傳多樣性模式表示，第一批家貓相對較早到達遠東地區，隨後就進入了長期的相對孤立狀態。這種地域上的隔離，可能是歷史上那些偉大的帝國國力衰減，而導致貿易減少所造成的。相較於地中海地區或西歐的地方貓種群，亞洲不同地區的貓種群之間的遺傳差異更大，表示亞洲各地區的貓之間的交流並不多。

這些在遺傳上可區分、不同地域隨機繁殖的貓，就成為所謂的「天然品種」。基於

1 由牛、馬或馬騾拉動的拖車，裝有篷布以遮日擋雨。

這些品種，人類展開了對新品種貓的繁育。

波斯貓（Persian cat）是最古老的貓科動物品種之一，通常被用於與其他貓雜交產生更多的短頭型貓，比如異國短毛貓（Exotic Shorthair）基本上就是波斯貓的短毛變種，因此在演化樹上這兩個品種完全分類為一組。

與此相似的是，很多長頭型貓品種中都會帶有暹羅貓的基因，比如哈瓦那棕貓（Havana Brown）。衍生品種在基因層面跟天然品種非常相似，這些衍生的品種貓在很大程度上是單一基因突變而成，例如毛髮長度、毛色和斑紋的改變。這也就是為什麼哈瓦那棕貓被美國愛貓者協會認定為獨立的品種貓，但國際愛貓聯盟（Fédération Internationale Féline，簡稱ＦＩＦe）則認為牠只是暹羅貓的顏色變體。

「突變」聽起來似乎不是什麼好事，會讓人想起因為核輻射而變異的大老鼠，或者電影裡的變種人。然而在遺傳的背景下，突變意味著不同於「野生型」（自然界中常見的生物體的形式），至於突變是好是壞，就需要看突變的內容了。

再回到貓的祖先，野生型的家貓是一種褐色鯖魚（條紋）虎斑貓（Mackerel tabby），身體和面部構造適中。但隨著自然和人工選擇、遷徙，變異的頻率在種群中發生了變化。一些原本不典型的特徵開始變得平常。例如，如今普通波斯貓有高度短頭型。然而在一百年前，波斯貓不過是長著長毛的貓，臉型還算正常，現在的波斯貓相較之前的就非常不典型。雖然波斯貓頭部結構的改變是透過人類選擇而完成，但自然選擇也會隨著時間的推移而改變野生型，特別是在關乎貓咪健康的基因上。

對野生型的貓來說，基因變異透過賦予不同的選擇壓力來支持貓的進化。一個種群需要變異，這樣特定的個體就能抵禦可能導致貓早死的病毒和其他感染，從而讓這個種群繁衍生息，成為一個進化程度更高、更能適應環境、擁有更好身體的物種。

可愛背後的痛苦

不過當人類來摻一腳之後，基因變異的好壞邊界就開始變得模糊，它不再以適應環境為評價標準，而是取決於在審美上是否能讓人類感到愉悅和獨特。因此，一些或「好」或「壞」的基因，在品種貓的身上不斷的被創造，並且保留了下來。

為了更容易了解其中的奧祕，來簡單學習一點遺傳學的知識吧。首先，之前提了好多次的基因，是由一種叫做「去氧核糖核酸」（deoxyribonucleic acid，簡稱DNA）的物質所構成的。基因就像建造房屋的圖紙，上面畫滿了建造細胞、組織、器官等的具體計畫。

基因串聯在一起，形成DNA長鏈，就被稱為「染色體」（chromosome）。每個基因都位於染色體上的特定位置，被稱作「基因座」（locus，又稱位點）。**貓的染色體和人類一樣都是成對出現**，如果基因也成對出現，就被稱為「等位基因」（allele）。如果一對染色體中的兩個基因是相同的，那它們被稱為「純合子」（homozygote）；如果這兩個等位基因是不同的，就被稱為「雜合子」（heterozygote）。

基因有「顯性」和「隱性」的區別。其中，顯性基因意味著它所代表的性狀，即使等位基因對中只存在一個顯性基因，也會表現出來；而隱性基因則表示，只有當染色體對的兩個等位基因都具有該基因時，該基因所代表的性狀才會被表現。

人類的染色體有二十三對，但貓只有十九對（見圖1-2），**包含著十八對體染色體和一對性染色體**。在體染色體中，雖然每一對染色體以不同的大小和形狀出現，但同一對染色體彼此的大小和形狀是相同的。而剩下的那對性染色體彼此的大小和形狀就不同了，被稱為X染色體和Y染色

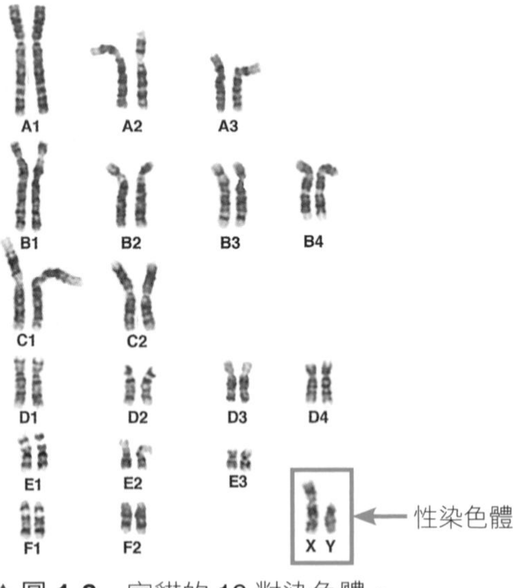

▲**圖 1-2**　家貓的 19 對染色體。

體，其中X染色體是中等大小的，而Y染色體卻長得非常迷你。**如果是隻母貓，那牠就有兩條X染色體（XX），而公貓則有一條X染色體和一條Y染色體（XY）。**

既然X染色體比Y染色體大，也就意味著X染色體上的基因比Y染色體上的多。如果控制性狀或疾病的基因位於X染色體或Y染色體上，再加上另一染色體上不具有等位基因，就使得這些基因更有可能被表現出來，這就是為什麼貓的某些性狀或者疾病，會和性別有關係。

到目前為止，已經有超過四十個基因和大約七十個DNA的變異被證明，會引起貓的某些疾病，或導致其表現型、血型的改變。比如，皮毛顯性白色的突變與耳聾，和因色素脫失（Depigmentation）與紫外線照射，而增加的黑色素瘤風險有關；無毛的表現型對貓來說「太不自然了」，使得貓可能會遭受潛在的體溫過低和晒傷等危險；還有蘇格蘭摺耳貓（Scottish Fold）的耳折表現型所帶來的健康問題，這種突變與軟骨發育不良有關，儘管許多繁育人認為，軟骨發育不良只會發生在純合子的摺耳貓身上，但實際上，在雜合子中很可能也會有亞臨床[2]的表現。

人類首次發現由具體基因變異引起的貓疾病，是在一九九四年。那一年，美國康乃

2 subclinical，指臨床症狀不明顯。

爾大學（Cornell University）病理學系的學者，發現了和貓肌肉萎縮症相關的基因。同年，俄勒岡健康與科學大學（Oregon Health & Science University）神經科的學者，發現了貓桑德霍夫病（Sandhoff disease）相關的基因。

這類基因所導致的大多數疾病，都是在品種貓身上發現。例如，貓最常見的遺傳性疾病——多囊腎病（Polycystic kidney disease）在波斯貓中的患病率大約有三七％。由於波斯貓被廣泛用於品種貓的開發和繁育，其衍生品種，如英國短毛貓、美國短毛貓（American Shorthair）、塞爾凱克捲毛貓（Selkirk rex）和蘇格蘭摺耳貓，就非常需要進行多囊腎病的篩查。

但是，也請不要談「病」色變，基因是一個非常廣泛的話題，即使對人類來說，也有非常多遺傳病的作用機制還不清晰，何況是貓的遺傳病。對某些性狀和疾病來說，即使確定了一種已知的致病基因變異，具有該變異的貓可能也不會真的患上該病。根據個體的不同，大多數性狀和疾病都有一定程度的可變表達。一些患有多囊腎病的貓可能只有很少的囊腫，從未發展成腎病；另一些貓則會非常嚴重，在生命早期就可能死於腎功能衰竭。

另一個非常典型的例子就是肥厚型心肌病（Hypertrophic Cariomyopathy），這是一種公認的遺傳性疾病。二〇〇五年，俄亥俄州立大學（The Ohio State University）的學者研究了緬因貓群，發現心臟肌球蛋白結合蛋白C基因（MYBPC3）中的A31P蛋白改變，與肥厚型心肌病密切相關，但其中的資料又顯示，並不是所有攜帶這種變異的緬因貓都會患肥厚型心肌病，而且一些患病的緬因貓也沒有基因突變。之後，法國國家健康與醫學研究院（National Institute for Health and Medical Research）和德國慕尼黑大學（Ludwig-Maximilians-Universität München）的兩項研究，也驗證了這一現象。

所以，**若你是一名繁育者，請盡量不要繁育會遺傳基因缺陷的貓；若你是一名鏟屎官，也請你不要丟棄患病的貓。**能找到屬於自己的主人，是每一隻貓這輩子最幸福的事情，有了你，牠一定會鼓起勇氣與病共存。

02 毛色的光譜學

請你閉上眼睛想一下，貓有多少種顏色。除了白貓、黑貓、橘貓這些基本款，你腦海中是不是還能想到其他顏色的貓？當然，你不會想到紅色、紫色或綠色的貓，但你一定覺得貓的毛色沒有那麼單調，還有著其他豐富的變樣。

兩種色素組成十二種基本色

有了前面的基礎，現在就可以來說一下為什麼貓有那麼豐富的毛色。說豐富的毛色有點不太好意思，因為貓的毛色其實僅由兩種色素組成，一種叫真黑素（eumelanin），另一種叫棕黑色素（pheomelanin）。其實，地球上所有哺乳動物的毛色都是由這兩種色素所控制的。至於為什麼說這兩種色素可以呈現出大千世界中所有哺乳動物的毛色，我這就細細講來。

第一種色素叫做「真黑素」，顧名思義，它是一種真的很黑的色素。它會吸收幾乎所有的光線，然後產生黑色的色素沉澱。在預設的情況下，真黑素在貓身上表現為黑色的毛色，所以但凡你看到一隻貓身上有黑色的部分，那都來源於其產生真黑素的細胞。

不過，真黑素在貓身上作用的機制並沒有這麼簡單。控制真黑素產生的是三個等位基因，這使得貓的毛色除了黑色外，還會呈現出兩種不同的顏色，分別是巧克力色和肉桂色。這還沒有結束，因為真黑素的合成會被非性染色體上的「淡化色基因」修飾而改變（見下頁圖1-3）。

簡單的說，就是在淡化色基因的作用下，真黑素的形成會有不同程度的障礙，導致細胞內真黑素的數量減少，以致貓毛的黑色被「稀釋」。相對的，基於前面這三種顏色，貓的毛色會出現三種被稀釋的選項，分別是：藍色、丁香色和淡褐黃色。由於淡化色基因表達程度的差異，這三種被稀釋的毛色可以再次被稀釋，被「焦糖化」，分別成為：焦糖化藍色、焦糖化丁香色（灰褐色）和焦糖化淡黃褐色。

第二種色素的名字是「棕黑色素」，這是用來讓毛色呈現出橘色的色素。在淡化色基因的作用下，橘色的貓毛也可以被稀釋成奶油色，然後再次被稀釋成杏黃色。

貓的顏色遺傳是在性染色體上，並且只在其中的X染色體上帶有控制顏色的基因，Y染色體不帶控制顏色的基因。黑色和橘色是一對等位基因，也就是說，一條X染色體上帶的要麼是黑色毛基因，要麼是橘色毛基因。這意味著若是一隻剛出生的貓是公貓，那麼牠的顏色不可能遺傳自牠的父親。因為公貓的性染色體是XY，分別從父母身上獲得一條染色體，X染色體一定來自母親，而Y染色體一定來自父親。Y染色體是不帶控

▲圖 **1-3**　貓毛的 12 種基本色。

制顏色的基因，因此所有公貓的毛色都遺傳自其母親。所以說，公貓的毛色只可能呈現出黑色系或者橘色系，不可能同時存在兩種顏色。

而母貓的性染色體組成是XX，分別從其父親和母親的身上遺傳了一條X染色體，所以母貓的毛色是由父母共同決定的。當這兩條X染色體都是黑色系時，母貓呈現出來的就是黑色系；當兩條X染色體都是橘色系時，母貓呈現出來的就是橘色系；當兩條X染色體分別是黑色系和橘色系時，母貓的毛色就會是玳瑁色（見下頁表1-1）。

那麼，玳瑁色的貓是如何決定自己身體上哪些毛應該變成黑色系，而哪些應該變成橘色系呢？這裡就有著一個「X染色體去活化」（X-inactivation）的生物機制。在胚胎發育早期的多細胞階段，這些母貓的兩條X染色體的其中一條失去活性，失去活性的X染色體異固縮（heteropythosis）成染色較深的X小體。有些細胞保留了真黑素基因所在的X染色體的活性，而有些細胞保留的是棕黑色素基因所在的X染色體的活性。這些細胞再分裂出來的子代細胞，都保持一樣的去活化程序，這樣就決定了毛色的命運。

再回頭看淡化色基因，這是一種隱性基因，因此，如果貓呈現出淡化色，那麼一定在兩條染色體上各存在著一個淡化色基因。如果只帶有一個淡化色基因，那麼這隻貓就只是淡化色基因攜帶者，牠只會呈現真黑素原本的顏色，不會呈現出淡化色的結果。

但是，如果這隻貓與另一隻攜帶了淡化色基因的純合子或雜合子的貓交配，那麼牠們的寶寶中就有可能出現淡化色的貓；同理，如果這隻貓跟不攜帶淡化色基因的貓交

▼ **表 1-1** X 染色體決定貓的毛色是黑色系或橘色系。

			公貓			
			橘色系		黑色系	
			X^O	Y-	X^o	Y-
母貓	橘色系	X^O	X^OX^O ♀（橘）	X^OY- ♂（橘）	X^OX^o ♀（玳瑁／三花）	X^OY- ♂（橘）
		X^O	X^OX^O ♀（橘）	X^OY- ♂（橘）	X^OX^o ♀（玳瑁／三花）	X^OY- ♂（橘）
	黑色系	X^o	X^OX^o ♀（玳瑁／三花）	X^oY- ♂（黑色系）	X^oX^o ♀（黑色系）	X^oY- ♂（黑色系）
		X^o	X^OX^o ♀（玳瑁／三花）	X^oY- ♂（黑色系）	X^oX^o ♀（黑色系）	X^oY- ♂（黑色系）
	玳瑁／三花	X^O	X^OX^O ♀（橘）	X^OY- ♂（橘）	X^OX^o ♀（玳瑁／三花）	X^OY- ♂（橘）
		X^o	X^OX^o ♀（玳瑁／三花）	X^oY- ♂（黑色系）	X^oX^o ♀（黑色系）	X^oY- ♂（黑色系）

注：讓貓呈橘色的基因位於 X 染色體上，為一個顯性基因（X^O），其他為隱性基因（X^o）。

配，那麼牠們的寶寶中一定不會出現淡化色的貓。而如果是兩個攜帶了淡化色基因的純合子的貓交配，那麼牠們的寶寶就一定是淡化色的貓。

以上的內容介紹了貓的十二種基本毛色，結合圖1-3和表1-1可以大致了解毛色的變化。其實，如今基本色的隊伍中還有兩個小夥伴，後續會在介紹虎斑紋的章節中講到。

白貓天生耳聾？

說到這裡，對黑貓和橘貓，以及牠們的基本衍生色系已經大致講完。接著要開始說一下白貓是怎麼回事了。

一隻貓想要成為白貓，有三種方法，分別是靠「白斑基因」、「白色基因」和「白化基因」的力量。

白斑基因

白斑基因並不是讓貓的體內產生白色的色素，而是阻止貓合成原本的色素，所以看上去貓毛變成了白色。白斑基因不在性染色體上，因此在基因層面貓原本的顏色還是存在的，並且能正常遺傳給後代。白斑基因是一種顯性基因，只要存在一個白斑基因，貓便會呈現為白色。因此，若是雜合子的白貓生出了寶寶，就會有很大的機率按原本的毛色規律正常遺傳。

白斑基因是一種非常強大的基因，**可以作用於任何毛色**。一般來說，帶有一個白斑基因的貓的白度在〇至五〇％，而帶有兩個白斑基因的貓的白度在五〇％至一〇〇％。從圖1-4、圖1-5中可以直觀的感受到，不同白斑基因在不同程度表現時對貓的毛色影響。這裡值得注意的是，雖然白斑基因被描述為一個從沒有白色到完全白色的連續序列，但現在的研究顯示，貓的白色下巴和肚皮，也可能是受到了一些其他目前尚未確定的基因的影響。

關於白斑基因是如何作用到貓毛上，有兩個未被實驗證實的理論和一個已經被證實的理論（見第四十三頁圖1-6）。

理論一：由於黑色素細胞從神經脊（Neural Crest，位於胚胎的後部）產生，當皮膚形成時，它們就會在體內進行遷移。如果黑色素細胞在皮膚完全形成之前，沒有到達預期的位置，那麼這些皮膚區域就不會產生色素細胞，貓毛就會變白。這就是為什麼白毛多見於離神經脊較遠的爪子、腹部和胸部的位置，而最接近神經脊的區域，例如背部和尾部，就最有可能產生色素細胞。

理論二：理論的主旨是細胞分裂減少了某些區域的黑色素細胞。黑色素細胞從胚胎向整個皮膚表面遷移，在四肢的位置選擇性凋亡，或其生物化學通路被關閉，並逐步擴散到軀幹。黑色素細胞能走多遠取決於體內化學濃度的梯度，在遠端的位置就會變少。

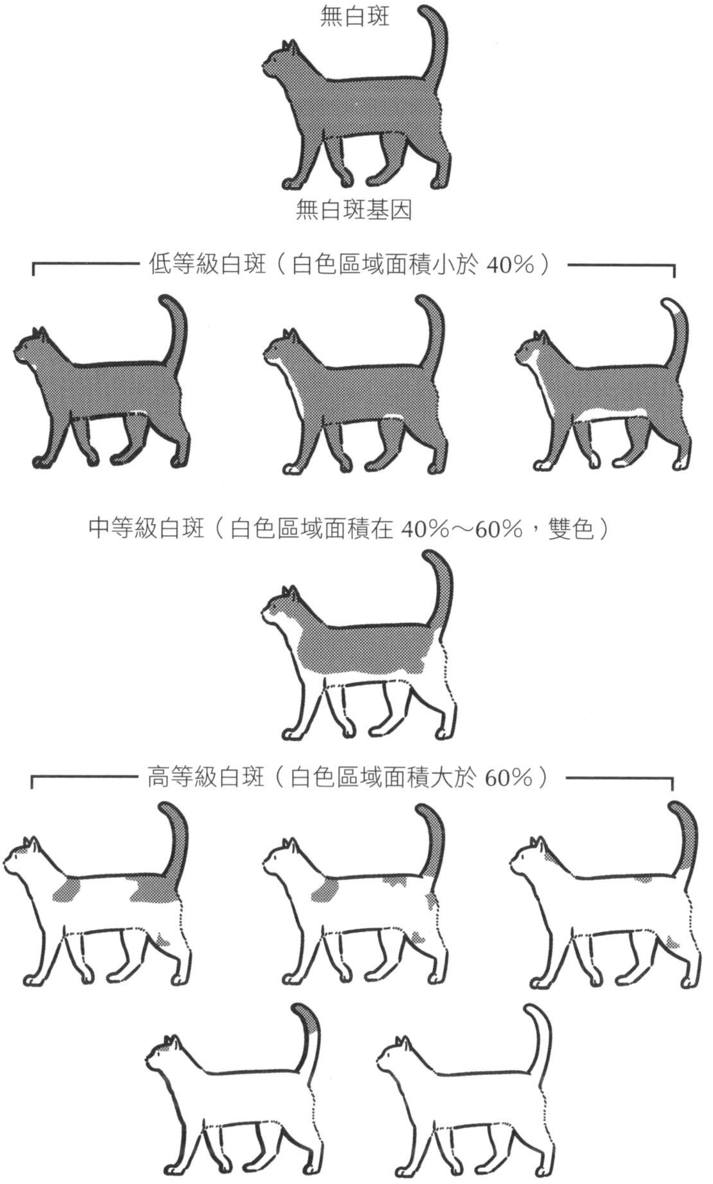

▲**圖 1-4**　白斑基因分布等級。

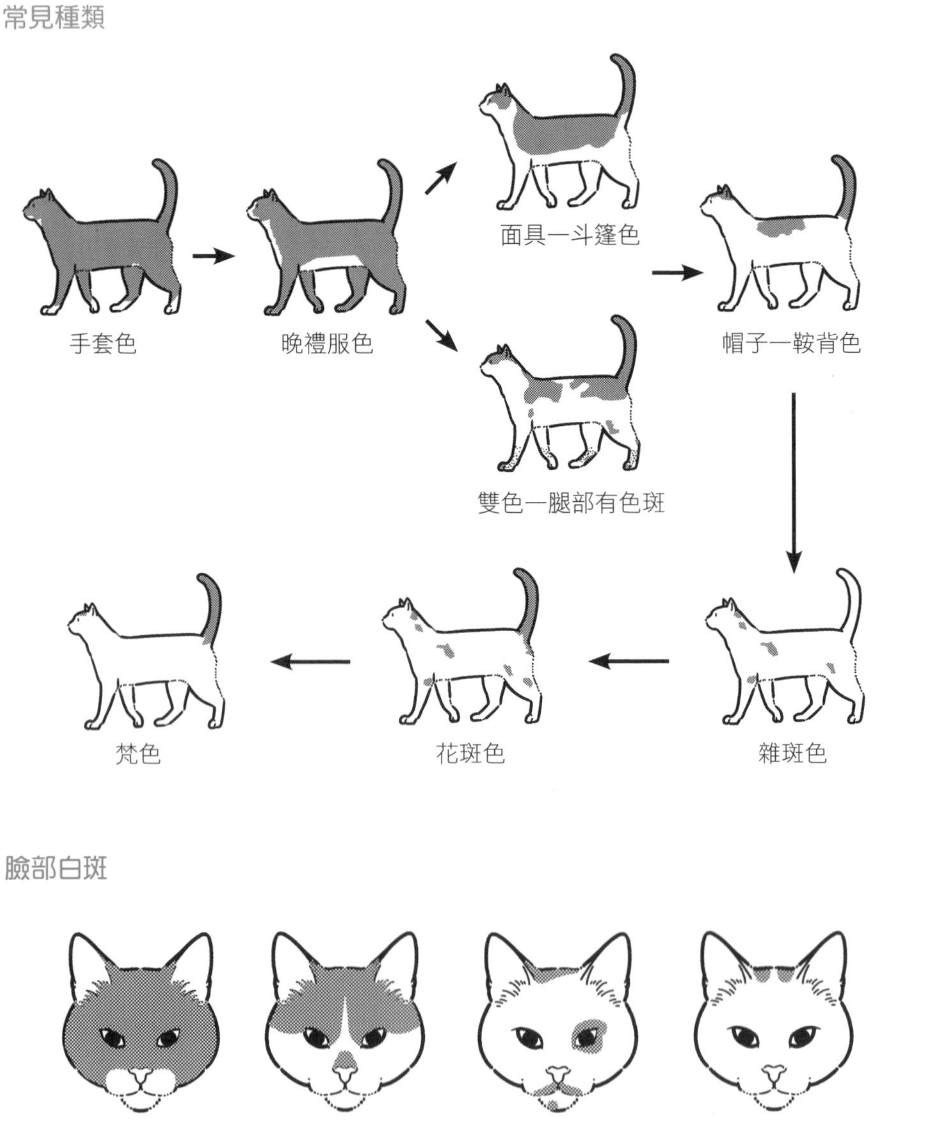

▲**圖 1-5**　白斑基因在貓毛上不同程度的表現。

理論三（已證實）：黑色素細胞在皮膚表面均勻遷移。在胚胎發育早期，不斷膨脹的皮膚表面會出現裂縫，裂縫把表面分裂成了一塊塊「島嶼」。隨著胚胎的生長，這些「島嶼」在胚胎表面漂移開來，中間區域變成白色。這些白色區域就像疤痕組織，因為沒有黑色素細胞可以填充它們。當一些「島嶼」被推到一起時，皮膚表面就形成類似地函的圖案。白色的腹部區域的形成是因為在胚胎發育過程中這裡是胚胎腹側縫，發育速度極快，沒有足夠的黑色素細胞留存其中。而黑色腳部的形成

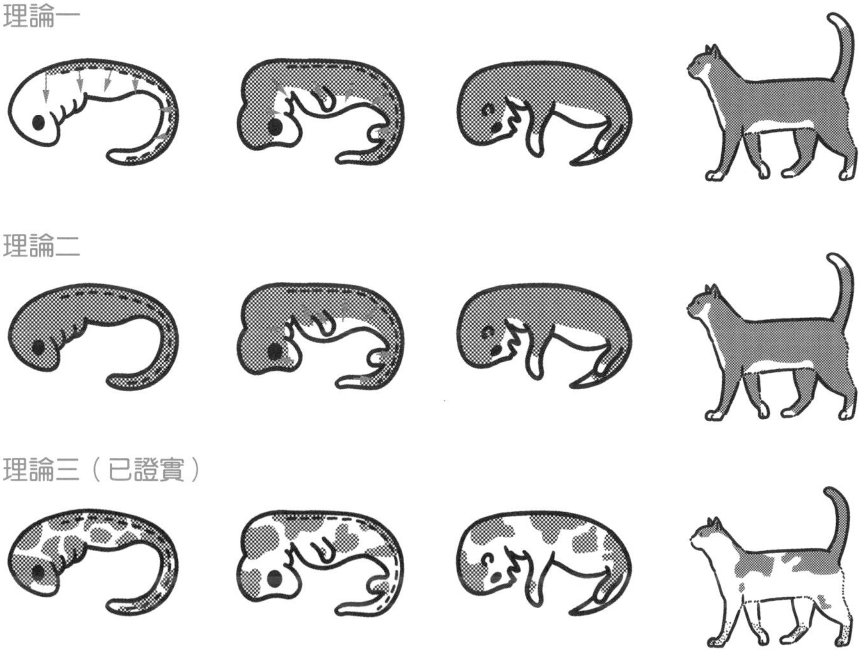

▲圖 1-6　白斑基因作用於毛色的三種理論。

是因為在四肢形成的同時，腹部區域擴張，黑色素細胞被推至腳的末端。

前面提過，母貓的顏色是由父母共同決定的，當兩條X染色體分別是黑色系和橘色系時，貓會出現玳瑁色。玳瑁色中的紅色系和橘色系原本的分布是完全隨機，但在白斑基因的作用下，一隻母貓就會同時顯示出三種顏色，成為較為罕見的「三花貓」。

貓還會產生和白斑基因無關的白色斑紋，這些白色區域的出現主要是因為新出現的基因突變。當繁育者認為這種性狀可以培育出新的品種時，這種變異就會被刻意保留下來，繁育者會透過精心的育種來培養同樣性狀的後代。基於這些變異，一些新型的品種已經形成，比如「花呢型」（tweed）、「喀爾巴阡型」（karpati）、「芬蘭變異型」（Finnish Mutation）和「莫斯科變異型」（Moscow Mutation），還有一些品種仍在培育過程中。

白色基因

一隻貓想要變成白色的第二種方法，則是求助於「白色基因」。相較於白斑基因，它是一種更加強大的存在。**因白色基因而變白的貓，在絕大多數的情況下是全白的，**不像白斑基因作用之下有不同程度的表現。

受到白色基因支配的貓，常會有藍色或橘色的瞳孔，甚至會有異瞳[3]的現象。還有一件悲傷的事情：白色基因所在位點也作用於貓的耳部器官，因此一部分因白色基因而全白的貓，會有相當的機率因為柯蒂氏器（Organ of Corti，又稱螺旋器）、耳蝸螺旋神經節（Spiral ganglion）等發育不全，甚至完全不發育而產生耳聾，這被稱為「先天性耳聾綜合症」。

其中，擁有藍眼睛的白貓耳聾的機率很高，查爾斯．達爾文（Charles Darwin）在《物種起源》（*On the Origin of Species*）中提過**白毛藍眼的貓多天生耳聾。而那些只有一隻藍眼睛的貓，藍眼睛那一側的耳朵失聰機率很高。**

貓有藍眼睛，是因為眼睛結構中少了脈絡膜層（tapetum lucidum），而脈絡膜層和真黑素產生於同一種幹細胞。同時，貓如果耳聾，有可能是由於內耳中少一層細胞層，而這層細胞層也是由同樣的幹細胞產生。因此，如果這種幹細胞出問題，那麼貓就可能有藍眼睛、耳聾，並且變成一隻白貓。

不過，並不是所有藍眼睛的白貓都會失聰，因為無論會導致白毛，還是藍眼睛的基因都有好幾種，這完全取決於貓的基因型（基因構成），而不是表現型（外表）。

相較之下，橘色眼睛的貓失聰的可能性要小得多。**如果一隻擁有白色基因的小貓出生時，可以在牠頭頂上找到其他毛色的斑點，那麼雖然這些斑點在其成年後會消失，但**

這樣的貓很可能擁有正常的聽力。

很多動物的白色基因是在性染色體（X染色體）上，因此**雄性動物會比雌性更容易擁有全白的毛色**。但貓的白色基因是在體染色體上，對公貓和母貓都一視同仁。

本節讀起來似乎有些沉重，但其實講的是機率非常小的事件，用資料來說：

- 九五%的貓都是非純白貓，先天性耳聾在非純白貓中極為罕見。
- 在這些只占五%的純白貓中，一五%至四〇%的貓有一隻或兩隻藍眼睛。
- 在兩隻眼睛都是藍眼睛的白貓中，六〇%至八〇%的貓是聾的，其餘聽力正常。
- 在一隻眼睛是藍眼睛的白貓中，三〇%至四〇%的貓是聾的，其餘聽力正常。

因此，一隻患有先天性耳聾綜合症的藍眼白貓，在貓的世界中只占總數的〇．二五%至一．五%，如果你在生命中有幸遇到這樣一隻貓，那就是命中註定的緣分。這些貓雖然聽不見，但牠們也有辦法去感知這個世界和你。耳聾的貓咪會用爪子下的肉墊作為信號接收器，因為裡面有相當豐富的感受器，能夠感知到地面上微小的震動。

上帝為你關上一扇門，就會為你另開一扇窗，對人類而言，視力不好的人往往聽力會更好，而在耳聾的藍眼白貓世界中，這扇窗就是「賣萌」的肉墊。除了聽覺功能外，這些貓與其他健康正常的貓並沒有什麼兩樣，耳聾並不會影響貓的平衡功能和健康，如果和人類一起生活，也不會有任何障礙。

白化基因

除了前文的兩種方法外，白貓的出現還受到「白化基因」的影響，簡單說就是貓罹患了白化症。如今，白化症有五個已知的等位基因，原本應該呈現黑色（基因型C）的貓毛可能變成緬甸模式（巧克力色，基因型cb）、暹羅模式（乳黃色，基因型cs）、藍眼睛白化症（米白色，基因型ca），或粉紅眼睛白化症（純白色，基因型c）。

雖然這些白化基因型相對黑色的基因型C都是隱性，但其內部仍有顯性程度之分，依次是C<cb=cs<ca<c，意即當貓咪的基因型是雜合時，牠會表現為更深色的那個基因的性狀。緬甸模式和暹羅模式的顯性程度相同，因此當牠們雜交時，還會衍生出一種東奇尼模式（貂皮色，基因型cb/cs）。白化基因的不同作用類型，可以從下頁圖1-7中分辨出來。

在基本色的介紹中已說過，貓的毛色只依賴於真黑素和棕黑色素這兩種色素，其實在根本的層面上，無論是哪種色素，它們的原料都沒有區別，都來自酪氨酸（Tyrosine），並且在酪氨酸酶的作用下，才能最終合成為色素。**如果一隻貓體內的酪氨酸酶活性降低，牠就不能生成足夠的色素，毛色就會變淺；如果酪氨酸酶完全失去活性，牠就只能長出白毛來。**所以，所謂的白化基因，其實就是編碼酪氨酸酶合成的基因發生了突變，

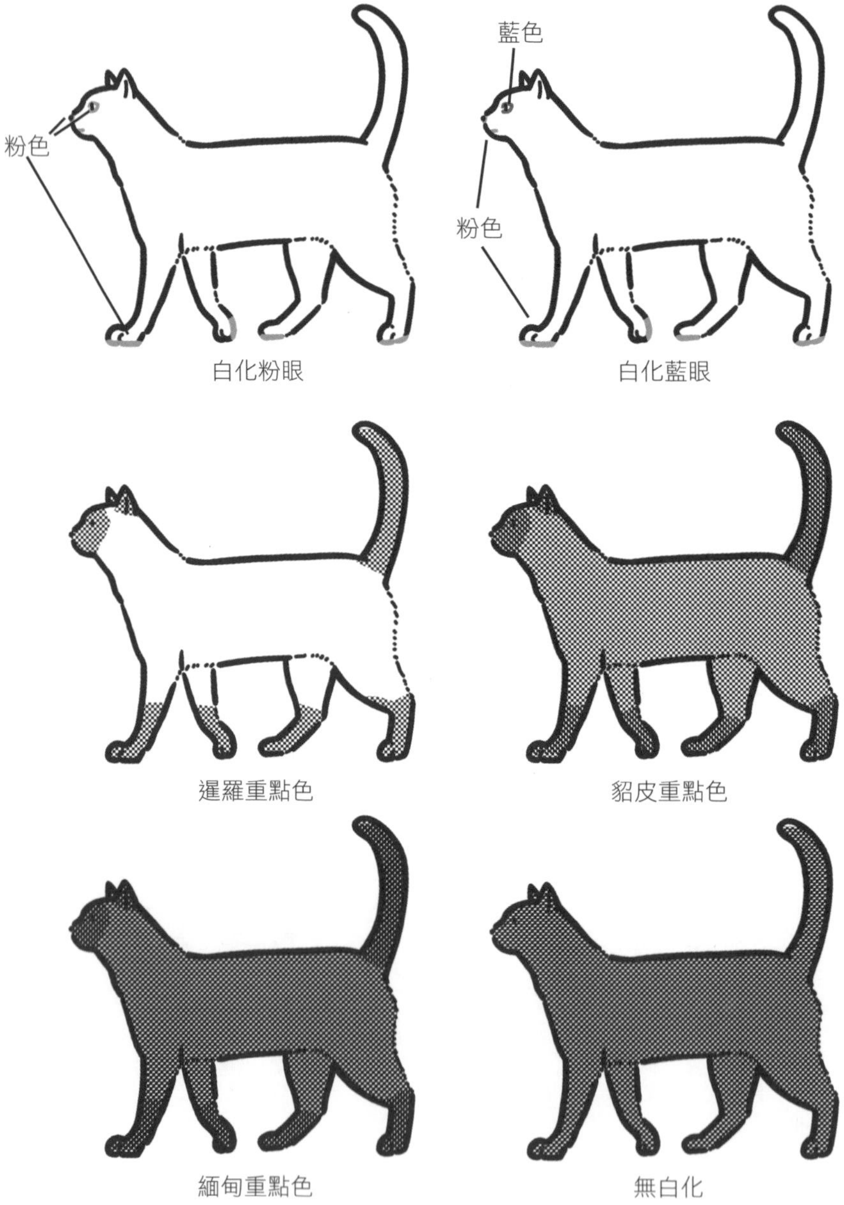
粉色
白化粉眼
藍色
粉色
白化藍眼
暹羅重點色
貂皮重點色
緬甸重點色
無白化

▲圖 1-7　白化基因的類型

導致合成出來的酪氨酸酶與正常的酪氨酸酶有所不同，活性便可能打折扣，甚至完全失去活性。

酪氨酸酶完全失去活性的情況實屬罕見，當這種情況出現時，會影響貓眼睛脈絡膜層的結構，因此貓眼會反射藍粉色或淡粉紅色的光。**故想要辨別一隻全白貓的毛色是白化症所致，還是因為白色基因，只需查看牠的眼睛即可。**比如，中國的臨清獅貓（Linqing Lion Cat）很多就是白貓，牠們的眼睛一般為橘色或藍色，也有一橙一藍的鴛鴦眼，由此可以判定牠們的白毛並不是白化症所致。

不過在德文雷克斯捲毛貓（Devon Rex）中，卻有一些例外，這些貓會有淡粉色或藍粉色的眼睛，但身上的毛不一定全白。其實這些小夥伴的身上也有白化基因，但這些基因在胚胎發育過程中，僅僅在那些影響眼睛的細胞中被啟動了，其他器官並未受到影響。這是不是很奇妙？其實這叫做基因的「鑲嵌現象」（mosaicism）。

首先，來複習一下簡單的生物學知識。在普通情況下，生命從受精卵開始，細胞依規律分裂，忠實的將染色體複製到子代的細胞裡，最終組成身體。因此，一般來說，基因是一項專屬於自己的穩定特徵，像指紋一樣。

然而，現在有越來越多的研究發現，基因並不僅僅在貓與貓之間有差異，在同一個身體裡，在細胞與細胞之間也可能存在差異。

簡單來說，在貓的身體裡，在心臟細胞與肺臟細胞之間會分析出不同的基因訊息，這就是鑲嵌現象。當鑲嵌現象發生在本身染色體數目異常或有其他遺傳疾病的貓身上時，可能會使該症狀減輕，因為鑲嵌現象意味著貓身體裡有一部分細胞是帶有未突變基因的。

在緬甸模式、暹羅模式和東奇尼模式下，白化基因對貓毛的影響就沒有那麼極端，但存在一個非常有意思的情況。這三種模式的基因型會導致編碼出來的酪氨酸酶，在穩定性上有不同程度的降低，從而使其對溫度變得極為敏感。溫度較低時，這種突變的酪氨酸酶尚能正常發揮功能，但**當溫度升高，超過攝氏三十三度時就會失去活性**，無法正常為

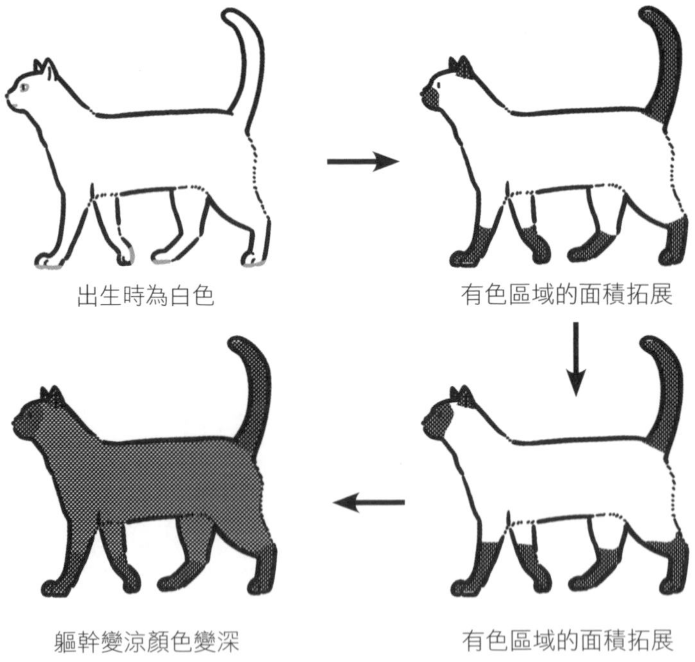

▲圖 1-8　緬甸模式、暹羅模式和東奇尼模式下，受溫度控制的色素沉積示意圖。

貓製造所需的色素。

比如一隻暹羅貓，在媽媽肚子裡時溫度有保障，因此牠剛出生時是白色的。出生後，牠的四爪、尾巴、耳朵和臉部的溫度要比體溫低上幾度，因此分布於這些部位的酪氨酸酶還能工作，其產生的色素讓這裡長出來的貓毛呈現深棕色。但軀幹部位的溫度高，不耐熱的酪氨酸酶大多數就罷工了，長出來的貓毛也就成了乳黃色（見圖1-8）。

所以暹羅貓和緬甸貓，以及用這兩種貓培育出的品種貓，到了冬天毛色就會變深，到夏天則可能又白回來一些。這可不是因為牠們冬天和夏天長的毛不一樣，若是在冬天多給貓開暖氣，那牠們就不會變黑啦。

虎斑貓的紋路怎麼來的？

之前的內容是不是讓你驚嘆於貓咪毛色的變化多樣？閉上眼睛想一下，有沒有覺得還缺少點什麼東西？「老虎不發威，你當我是病貓」這句話你一定聽過吧？既然貓能被當作老虎，那一定少不了標誌性的虎式斑紋才對。

前文講了很多貓毛的顏色，雖然千變萬化，但唯一不變的就是，一根貓毛的顏色是統一的。想要貓的身上長出斑紋，就不僅僅要對顏色下手，還要對每一根貓毛上的顏色分布下手才行。而想要調整一根貓毛上的顏色分布，就需要一個叫做「**刺鼠肽**」

（Agouti gene）的基因，和一個名為「T」基因（Tabby gene）出場。**只要是貓，身上就有T基因，這個基因決定了貓身上會出現什麼樣的斑紋。**請注意，這就是說，純色貓的身上也都攜帶了T基因。但是T基因所包含的斑紋訊息究竟能不能在貓身上顯現出來，就要看刺鼠肽基因的表現了。

刺鼠肽基因是一種顯性遺傳的基因，也就是說，如果一隻貓的刺鼠肽基因是顯性的，它就可以改變貓毛髮中黑色素的沉澱方式，讓毛色遵循T基因裡的訊息而顯現出斑紋。但如果刺鼠肽基因為隱性，那麼T基因的斑紋訊息就不會出現，貓就只能是一隻純色貓。

這條規律在黑色系的貓中絲毫沒有問題，但是在橘色系的貓中出現了例外。請閉上眼睛，在腦海中描繪出一隻橘貓，然後把注意力放到牠的毛色上，它是純橘色的嗎？是不是在你的印象中，橘貓其實身上多多少少都有斑紋？這就是例外。

顯性的刺鼠肽基因可以作用於橘色系的貓，讓牠們顯現出T基因中所包含的斑紋訊息。但是，當刺鼠肽基因呈隱性時，橘色系的貓由於其控制棕黑色素的基因是上位基因，依舊可能出現斑紋，成為一隻「假斑貓」。

對「假斑貓」的形成機制以及斑紋訊息，人類的研究還不充分，不過對於「真斑貓」，人類已經找到了一些規律。比如，控制貓斑紋形狀的T基因一共有四種：鯖魚虎斑、經典虎斑（Classic tabby）、斑點虎斑（Spotted tabby）和多層色虎斑（Ticked tabby）。相應的斑紋形式如下頁圖1-9所示，**無論哪一種T基因，貓的額頭上都會有M型斑紋**。

這四種斑紋是由T基因上的三個等位基因來實現的，其中多層色虎斑為顯性基因，鯖魚虎斑也是顯性基因，經典虎斑則是隱性基因。無論鯖魚虎斑還是經典虎斑都可以和另外的修飾基因協同合作，使得貓的斑紋呈現出斑點虎斑的斑紋（鯖魚虎斑斷成的斑點虎斑較小，經典虎斑斷成的斑點虎斑較大）。

在刺鼠肽基因的作用下，單獨的貓毛根據T基因中含有的斑紋訊息，呈現出淺色或深色，當這些貓毛連成一片時，就會在視覺上產生斑紋的效果。例如，黑色和棕色條紋代表貓的本色是黑色，橘色和奶油色條紋代表貓的本色是橘色。這時，如果還存在「銀色基因」或「廣譜帶基因」，那麼虎斑紋上還會有「銀化」和「金化」的疊加作用。

人靠衣裝，貓靠毛裝，這裡面的學問可不少。上面的內容只是關於貓毛的基礎知識，若要了解更為詳盡的遺傳學資訊，可以去查看一些學術文章。

▲**圖 1-9**　虎斑貓的基礎類型和面部特徵。

03 不是所有的貓都有毛

如果兩隻短毛貓彼此相愛，那牠們會生出長毛貓寶寶嗎？

這不是不可能的事情。貓的長毛基因是隱性的，用 a 來表示，只有 aa 的基因型才能擁有長毛。若兩隻攜帶長毛基因的短毛貓（Aa 基因型）生出了寶寶，那其中就有二五％的可能性出現一隻長毛貓。雖然這裡簡單的用 a 來表示貓的長毛基因，但人類對貓進行DNA分析後發現，貓在不同的時間段內，獨立發生了四種長毛突變。

雖然早期貓科動物的遺骸，無法告知人類貓毛的長度（因為貓毛都爛了），但埃及藝術作品中描繪的貓科動物都是短毛的，而且是現代家貓的親本品種非洲野貓。

長毛貓的起源品種——安哥拉貓？

那麼長毛貓究竟是從何而來呢？

第一種理論是「雜交起源派」。十九世紀，有人曾提出安哥拉貓（Turkish Angora）和波斯貓並不是源自非洲野貓，而是源自兔猻。這個說法在一八六八年被達爾文引用，他在《動物和植物在家養下的變異》（*The Variation of Animals and Plants Under Domestication*）中寫道：「大型安哥拉貓或波斯貓在結構和習性上，是所有家養品種中最獨特的，可能是中亞兔猻的後裔，但沒有確鑿的證據。」那時候坊間也流傳著，兔猻可以與家貓雜交產生後代的傳言。

但要引入兔猻的基因，兩者雜交的後代必須具有可育性，繼續繁殖並呈現家貓的性狀。一九〇七年，英國動物學家雷金納德．波科克（Reginald Pocock）為皇家動物學會描述了各種英國家貓，強烈駁斥了兔猻為貓祖先的理論，論據是兔猻的頭骨與波科克時代的安哥拉貓和波斯貓完全不同。現代遺傳學研究也表明，兔猻並沒有為家貓的基因做出貢獻。

另一種雜交起源的說法認為，波斯貓是沙漠貓（*Felis margarita*）的後代，因為牠們的爪子上都有長長的毛，並在底部形成一個墊子。但波斯貓和沙漠貓兩者身上和腳上的毛的長度，並不支持這一說法。此外，波斯貓腳上的長毛源自牠們的皮毛，在爪子下面並不長毛。而沙漠貓的爪子下面長有可以抵禦地表炎熱的長毛。同樣，沒有基因證據顯示，沙漠貓對家貓基因庫有過貢獻（如今沙漠貓和家貓雜交已經獲得成功）。

「雜交起源派」的理論並沒有獲得太多人的支持，貓身上的長毛只好再次歸結於基因的變異。「基因變異派」中又存在兩個派別，一派認為長毛的出現是由於單基因的突變。有一群貓的基因發生了突變，並透過近親繁殖將該特性保留在貓的基因庫中。

從歷史文章中可以追尋到一些線索，長毛貓出現在三個地區，分別是俄羅斯、伊朗（波斯古國）和土耳其。最早發現長毛貓的是安哥拉人和波斯人。波斯貓是十八世紀和十九世紀初從土耳其、阿富汗和俄羅斯流入的貓，發展而來的品種。因此，對長毛貓第一次出現的位置有著兩種假設。

在第一種假設中，長毛突變最初發生在俄羅斯，貓出現長毛似乎是為了應對寒冷氣候，比如西伯利亞貓（Siberian Cats）；然後傳播到了土耳其，形成了安哥拉貓；再傳播到波斯，形成了波斯貓；最後透過陸地和海洋的貿易，傳入周邊國家和東南亞，將這種基因融入本地的貓種，形成了長毛型的日本短尾貓（Japanese Bobtail）等。如果真是這樣的話，所有的長毛貓都可以追溯至西伯利亞貓。

另一種假設認為，長毛貓是在土耳其出現並發展起來的，透過陸路和海上貿易路線散播到了歐洲、中東和遠東。這在很大程度上是基於現代波斯品種的假定起源，該品種源自土耳其安哥拉貓、俄羅斯長毛貓和傳說中的波斯貓。

另一派認為，貓的長毛突變有可能並不是只發生過一次的歷史事件，而是多次持續發生的。這種平行進化意味著，相似的寒冷環境可能導致不相關的貓科動物種群，在相對較短的時間內，透過自然選擇進化出相似的特徵。比如，根據西方的記載，中國北京周邊地區也有過一種長毛摺耳白貓，被稱為Sumxu（西班牙語中松鼠的意思），這種貓在十八世紀被描述過幾次，最後一次被提到是在一九三八年。

無毛不是故意，是基因突變釀悲劇

如果兩隻短毛貓彼此相愛，牠們有可能生出無毛貓寶寶嗎？

這是不可能的事，除非這隻小貓發生了基因變異。無毛貓曾在世界各地出現過，早在一八三〇年，拉丁美洲就報導過一隻無毛貓。隨後，這種突變在法國、奧地利、捷克、英國、澳洲、加拿大、美國、墨西哥、摩洛哥和俄羅斯都被發現過。

一八九三年十月一日，美國北卡羅來納州威明頓市的《威爾明頓信使報》（*The Wilmington Messenger*）描述了一隻隨機突變的無毛貓，報紙上寫道：「昨天有人向我們展示了一隻奇怪的自然怪物，牠的樣子是一隻沒有毛的貓，或者說是半狗半貓。這隻怪物非常像一隻沒有毛的墨西哥狗，但確實是貓形的，性格也像小貓一樣頑皮。牠的耳朵和爪子都很大，當牠坐著抬起頭來時，從脖子到前腳看起來都很像一隻狗。牠是一窩小貓中的一隻，現在四週大了。其他小貓都有毛，外表自然，幾乎沒有那隻奇怪的貓的一半大。這隻無毛貓不僅比其他四隻小貓壯，而且更聰明，特別有活力。」

雖然貓無毛是一種自然發生的基因突變，但在人類的努力下，這種突變被保存了下來，還培育了一種新品種，叫做「斯芬克斯貓」。這一品種是從一九六〇年代開始透過選擇性繁育發展起來的。一九六六年，加拿大多倫多誕生了一隻名叫普魯內（Prune）的無毛小貓。這隻小貓和媽媽再次交配（這被稱為「回交」，是由子一代和兩個親本中任意一個進行雜交的方式。**在遺傳學研究中，常利用回交的方法來加強雜種個體的性狀表現）**，又生了一隻無毛的小貓。

多倫多大學（University of Toronto）畢業的利雅德・馬波（Riyadh Bawa）和他的母親雅尼亞（Yania）把這些貓買了下來，確認了斯芬克斯貓的無毛基因屬於體染色體隱性遺傳，並以此制定了繁育計畫，使小貓最終能夠繁殖。他們最初透過CFA獲得了這個新品種的臨時地位，但CFA在一九七一年時暫時撤銷了這一品種，因為當時委員會對這個品種的生育能力感到擔憂。作為第一批繁育人，他們對於斯芬克斯貓的遺傳學知識相當欠缺，面臨著許多問題。由於基因庫非常有限，許多小貓最後都死了。而存活下來的貓當中，許多母貓患有突然抽搐的病症。

歐洲和北美的飼養員們開始努力完善這一品種，將斯芬克斯貓與正常的貓雜交，然後再回交，選擇身體和心理素質最好的小貓，使這一品種延續下去。經過多年的選育，他們培育出了一個具有廣闊基因庫的健壯品種。二〇〇二年，ＣＦＡ最終接受斯芬克斯貓參加錦標賽。二〇〇六年，一隻斯芬克斯貓成為ＣＦＡ年度貓咪。次年，年度貓咪的獲獎者又是一隻斯芬克斯貓。

斯芬克斯貓的皮膚有著麂皮的質地，一些皮膚表面還留有細細的毛，另外一些完全沒有毛。除了沒有毛這一特徵，斯芬克斯貓的鬍鬚也很短，或者完全沒有。牠們的頭又窄又長，腳上有蹼，皮膚上有常見的斑紋。因為**斯芬克斯貓沒有毛，牠們比有毛的貓更容易失溫**。這使得牠們摸起來很暖和，**抱起來會比平常的貓暖四度，但這也驅使著牠們本能的尋找熱量，所以，斯芬克斯貓都是大胃王**。

值得一提的是，斯芬克斯貓是無毛貓，但無毛貓可不只斯芬克斯貓一種。無毛貓有六大品種，其他五個小夥伴分別是頓斯科伊貓（Donskoy）、彼得禿貓（Peterbald）、烏克蘭勒夫科伊貓（Ukrainian Levkoy）、巴比諾貓（Bambino）和精靈貓（Elf Cat）。其中，頓斯科伊貓和彼得禿貓，都是獨立於斯芬克斯貓的無毛貓品種，勒夫科伊貓是頓斯科伊貓和蘇格蘭摺耳貓的雜交品種，巴比諾貓則是斯芬克斯貓和曼赤肯貓（Munchkin cat）的雜交品種，最後的精靈貓是一種非常新而罕見的雜交品種，是斯芬克斯貓和美國捲耳貓（American curl）的雜交品種。

04 貓眼好神祕，不只會縮放還會發光

撐起貓咪顏值的元素，一定少不了眼睛這一項。貓的眼睛美麗、清澈、豐富多彩，彷彿藏著整個宇宙，常常讓人覺得是一種神祕的存在。

生活在溫帶地區的野貓通常有著淡褐色的眼睛，但是寵物貓的眼睛顏色有藍色、綠色、黃色、橘色和棕色等（見附錄04貓眼識別指南）。這裡說的眼睛顏色，其實指的是虹膜的顏色。和人類一樣，貓的虹膜有著多變的色彩，其中一些顏色和貓的疾病、品種和毛色有著潛在的關係。

藍色、黃色、綠色、異色？眼睛顏色這樣來的

影響貓眼睛顏色的主要因素有兩個：虹膜色素沉澱和藍色反射。

虹膜有兩層：裡面一層包含產生黑色素的色素細胞；外面一層是基質，由排列鬆散的細胞構成。覆蓋在虹膜基質後表面的上皮，含有緊密排列的細胞。虹膜基質和上皮都產生黑色素，但數量不同。虹膜的色素沉澱是由黑色素引起的，顏色從檸檬黃、淡褐色

到深橘色或棕色不等。

除此之外，貓眼睛的透明結構就像一塊玻璃，可以吸收和反射光線。從正面看，這塊「玻璃」是無色的；但從側面看，它往往呈現綠色或藍色。基質中纖維細胞的大小、間距和密度決定了它如何反射和折射光線，也就決定了藍色的深淺。因此，**如果沒有色素沉澱，貓的眼睛本身可以呈現出從淺藍色到紫羅蘭色的顏色。如果藍色反射和虹膜色素沉澱的顏色相結合，就可以產生多變的眼睛顏色。**也就是說，一隻貓就像透過一扇藍色的窗戶看世界，藍色影響看到虹膜中其他色素的方式。

而在貓的眼睛內部也有著一些色素沉積，貓的視網膜後面有一層像鏡子的光線反射層，叫做脈絡膜層，它能將光線反射回眼睛，還能幫助貓咪在弱光下看東西。這就是為什麼人們用閃光燈拍貓時，會發現照片中貓的眼睛在發光。

貓的眼睛即使是同一種顏色，在色調上也會有很大的差異。在任何一種顏色裡都可以發現連續的色調變化。比如，在藍色眼睛和綠色眼睛之間可以找到海綠色的眼睛，在綠色眼睛和黃色眼睛之間也可以找到檸檬色的眼睛。這是因為虹膜色素沉澱和透明結構色素，均受染色體上不同位置的多個多基因的控制。

多基因的不同組合導致了色調的連續，同窩的小貓從父母那裡繼承這些多基因的不同組合，因此可能產生不同的眼睛顏色。

最終，眼睛的顏色種類和色彩強度，取決於眼睛中色素細胞的數量和活性水準。如果沒有色素細胞，眼睛就會呈現藍色，或者在極少數情況下，由於血管的顏色而呈現粉紅色。色素細胞數量少的眼睛會呈現綠色，活性較低的色素細胞產生的是淺綠色，而活性較高的色素細胞產生的是深綠色。同樣，橘色範圍可以從淺琥珀色一直到深銅色（見圖1-10）。色素細胞的活性水準是由基因決定的，因此繁育人可以選擇性的培育出更深或更淺眼睛顏色的貓。

有些貓的眼睛顏色與其貓毛的顏色有關，因為大多數的品種貓雖然擁有各色的眼睛，但是貓主人在繁育時往往會選擇某一些特殊的眼睛顏色，使其與貓毛的顏色相協調，並把這種顏色寫入品種標準。人類一般都喜歡純種的黑貓有鮮豔的橘色眼睛，但其實在貓群中，很多黑貓都有綠色的眼睛。比如，英國早期的愛貓者培育出的許多品種，都要求貓眼睛呈橘色，當時他們認為只有明亮的橘色才能與其毛色互補，若貓擁有淺綠色或黃色的眼睛，則被認為是不合格的。

一隻小貓生下來時就有藍色的眼睛，成年貓眼睛的顏

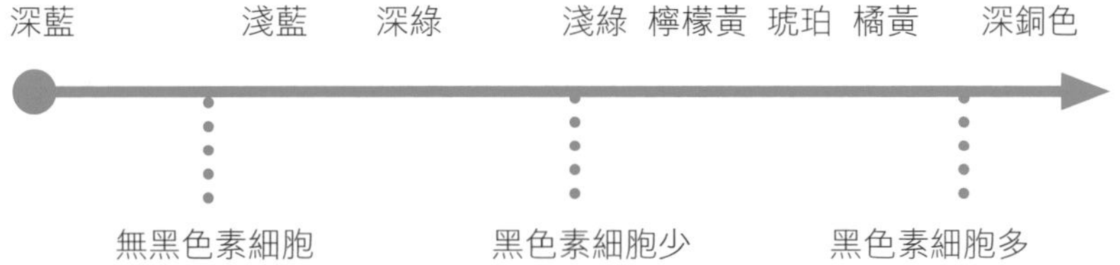

▲**圖 1-10** 貓咪眼睛顏色除了受黑色素影響外，每種色素多寡也會造成眼球顏色深淺不同。

色大約會在六週至七週齡時開始形成，有的可能要到三至四個月大時，才會真正完全呈現。但是，有一些貓兩隻眼睛的顏色不一樣，被稱為「異瞳貓」。**異瞳貓的出現可能是遺傳、先天發育缺陷或後天疾病、傷害和藥物所致**。

異瞳貓一般一隻眼睛是藍色，另一隻眼睛是橘色、綠色或黃色。一般純種的異瞳白貓，有著一隻藍色眼睛和一隻橘色或琥珀色的眼睛，但在隨機繁殖的貓中，非藍色的那隻眼睛可能是黃色、綠色或棕色。除此之外，還有些異瞳白貓，牠們的一隻眼睛有反光膜（綠色的眼睛在黑暗中發光），而另一隻眼睛沒有反光膜（紅色的眼睛發光）。

這種天生異瞳的現象在貓、馬和一些品種狗中很常見，不過在人類中卻不常見。在貓身上，並沒有特定的基因來控制異瞳，**異瞳與白斑基因和白色基因有關**。這些基因在胚胎期阻止了色素的產生，除了作用於貓毛色素，也作用於虹膜色素。如果一些色素細胞在其中一隻眼睛區域保持活躍，就能使這隻眼睛變成綠色、琥珀色、棕色或黃色。

除了白貓之外，一些其他毛色的貓也會出現異瞳。如果在貓出生時就存在，那可能是先天缺陷，嵌合胚胎，或形成皮膚和眼睛某些細胞的體細胞發生了突變。這些原因造成的異瞳都不是遺傳的，因此也不會傳給下一代的小貓。

比異瞳貓更為罕見的是，當不同數量的色素細胞，或具有不同活性水準的色素細胞，出現在一個虹膜的不同區域時，會出現部分異色，也就是一隻眼睛中有兩種不同的顏色。有可能表現在某一個顏色的虹膜周圍，帶有另一個顏色的環。

更少見的情況是，在虹膜中可能有一個明顯與其他區域顏色不同的區域，例如藍色或綠色眼睛中有一塊棕色區域。一些白貓也有這種情況，白色基因沒有影響整個虹膜的色素沉澱，而只影響虹膜的一部分。這時，貓的一隻或兩隻眼睛都可能受到影響。如果兩隻眼睛都受到影響，就可能會出現鏡像效應。

還有一種更罕見的情況，那就是一隻貓的眼睛呈現出了原本遺傳的顏色，但是在成年後慢慢又退回到藍色。有一隻叫做巴圖的歐西貓（Ocicat），出生於二〇一四年六月，牠擁有黃褐色的斑紋和黃綠色的眼睛。從一歲開始，牠眼睛的顏色慢慢的從黃綠色變成藍色。到了二〇一七年，牠有了一雙鮮豔的藍眼睛。巴圖是同窩五個兄弟姐妹中唯一發生這種情況的貓。非常罕見，但暫時沒有得到任何解釋。在人類中也有一種類似的情形，叫做虹膜異色症（Heterochromia iridum），在這種情況下，人的一隻眼睛（很少會兩隻眼睛同時變色）會在以後的生活中改變顏色。對人類來說，眼睛色素的喪失通常與疾病或創傷有關。

貓眼中的世界是什麼顏色？

無論是哪種顏色的眼睛，貓所看到的世界和人類的都不一樣。人類視網膜擁有紅、綠、藍三種視錐細胞，它們能分別感知可見光譜上的一段。這三種視錐細胞敏感性最高的波長分別為五百六十奈米、五百三十奈米和四百三十奈米。各種波長和不同強度的光組合在一起，進入人類的眼睛，人就能看到不同的顏色。

但是，貓的視錐細胞只有綠色和藍色兩種。其實，大多數哺乳動物都只擁有兩種視錐細胞。所以，貓只能分辨有限的顏色，比如灰色、綠色、藍色和黃色。因此**貓也是紅綠色盲，在牠們的眼裡，紅色的物體是深色的，而綠色物體發白**。所以當牠們看紅綠燈、紅色綠色的玩具時，牠們看到的是不同形狀的灰色陰影。

雖然在對顏色的感知度上，貓比人類弱了一籌，但是在感知光線的視桿細胞數量上，貓遠遠勝過了人類。在視桿細胞和視錐細胞的比例上，貓有人類的近六倍之多。所以說，**即便環境中的光線比較微弱，貓也可以把眼睛中的瞳孔放大到球面九〇％左右來吸收光線**。微弱的燈光就可以讓牠們在環境中暢行無阻，發現獵物。這就是為什麼即使是在關燈的情況下，寵物貓還是會精準的踩在主人的肚子和臉上。

貓的動態視覺能力也非常強，非常善於捕捉運動中的物體，比如家裡飛進了一隻蒼蠅，你的寵物貓可能會興奮到像打了興奮劑一樣。但貓的靜態視覺能力就實在讓人不敢恭維，這也是為什麼逗貓玩具中，逗貓棒和雷射筆會是牠們的最愛，而對那些不會動的小玩意，牠們很快就失去興趣。

貓對環境中的細微變化有一種本能的敏感。當視覺中的畫面有一點點的改變，比如在平常看習慣的客廳角落突然多了一隻壁虎，人類未必會那麼及時發現壁虎的存在，但是貓能馬上發現：這個角落多了一個新東西，可能是獵物！

除了這些理論上的知識外，貓的眼睛還是牠們心情的窗戶。細心的貓主人一定會發現，貓的眼睛有時變得細細的，有時變得圓圓的。眼睛的這種變化除了因為光線刺激而產生之外，其實也有可能是因為貓的心情發生了變化。

當貓感到好奇或者專注時，牠們的瞳孔就會變得圓圓大大的（見下頁圖1-11）。比如，主人拿起了逗貓棒要開始和牠們玩耍時，貓就會把瞳孔放大，因為牠們一刻都不想錯過獵物的變化。**當貓感到放鬆時，瞳孔就會變成適當的大小。而當貓感到滿足時**，比如被你擼得呼嚕呼嚕時，或者吃飽很開心時，**瞳孔就會變得細細小小的**。

不過，還是要根據貓的其他動作和情境來進行綜合判斷，比如，**當貓接收到危險信號時瞳孔也會放大**，用來快速接收環境中的所有變化和訊息。當你看到貓的瞳孔已經要撐滿整個眼珠子時，有可能代表牠們此時正感受到劇烈的恐懼和威脅。

如果你抱著一隻貓出門散步，把牠放下後牠就地坐了下來，這時候你可以觀察牠的眼睛來判斷，牠是因為開心而懶洋洋的趴下，還是被嚇得一動都不敢動。

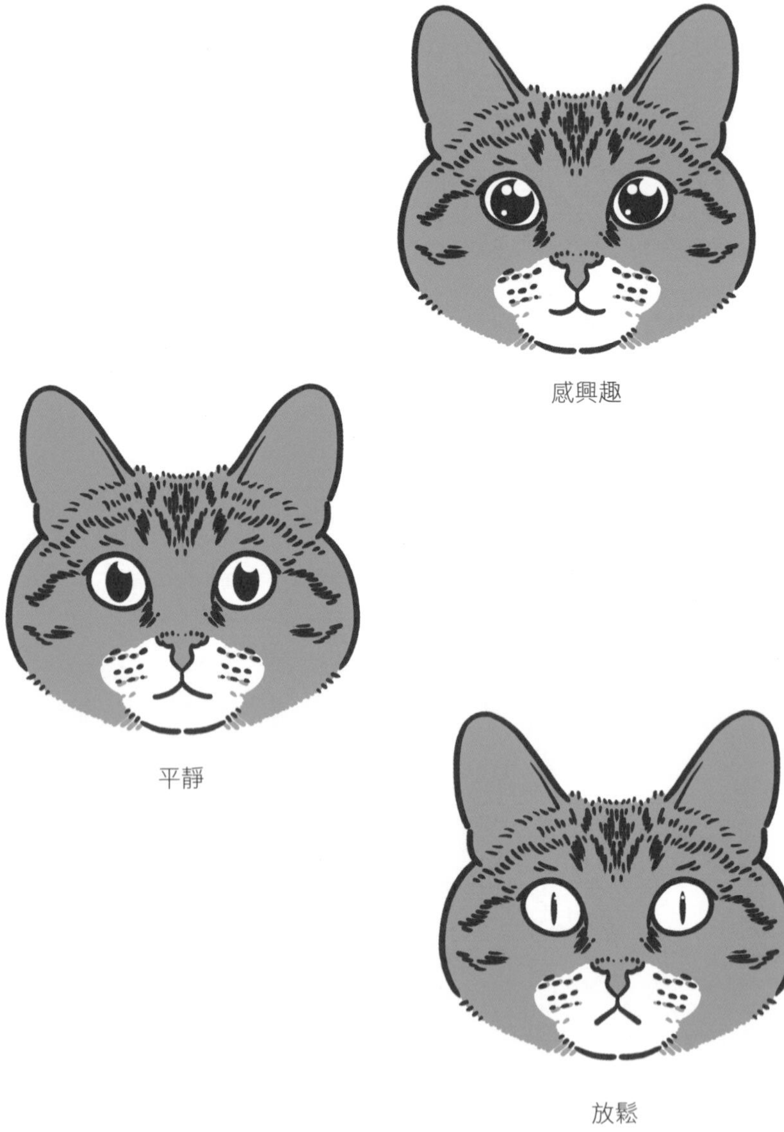

▲圖 1-11　會説話的貓眼會隨心情變化。

05 貓耳不只是可愛那麼簡單

貓的耳朵和其他哺乳動物的耳朵非常相似，包含了三個結構區域：外耳、中耳和內耳。外耳是由耳廓（頭頂的外部三角形部分，當談論貓的耳朵時，人們通常會想到它）和耳道組成的，耳廓捕捉聲波，並將其透過耳道傳到中耳。**貓的耳廓可以獨立的轉動和移動**，貓可以像使用雷達一樣使用它，**把它轉向聲源的方向，這將貓的聽覺靈敏度提高一五%至二〇%**。

大多數的鏟屎官都會告訴你，他們的貓有著非常靈敏的聽覺，但到底有多靈敏呢？貓的聽力範圍是四十五赫茲至六萬四千赫茲，狗的聽力範圍是六十七赫茲至四萬五千赫茲，而人類的聽力範圍通常固定在二十赫茲至兩萬赫茲。在人類飼養的寵物中，貓的聽覺應該是數一數二的。當然，這樣優異的聽覺並不僅僅是為了聽鏟屎官回家的腳步聲。貓是天生的掠食者，這樣的聽覺有助於牠們發現更多種類的獵物，也能讓牠們盡可能的躲避自己的掠食者。

貓的中耳由鼓室、鼓膜、聽小骨和咽鼓管組成，聽小骨在聲波作用下振動，並將這些振動傳遞到內耳（見下頁圖1-12）。在內耳中，螺旋器的感覺細胞透過移動和彎曲對振動做出反應，透過聽覺神經向大腦發送電訊號進行處理。內耳還包含前庭系統，有助於保持平衡和空間定向。內耳所處的位置以及內部感覺器官的作用意味著，**當貓的內耳感染時會同時影響其聽覺和前庭功能**。因此，一隻內耳感染的貓可能會出現頭部和身體向一個方向傾斜的現象。

耳道自備自我清潔功能

儘管貓的耳朵和其他哺乳動物的耳朵，有很多相似之處，但從解剖學角度來看，在生理層面上還存在一些差異。貓的中耳有一個鼓膜，把中耳分成了兩個

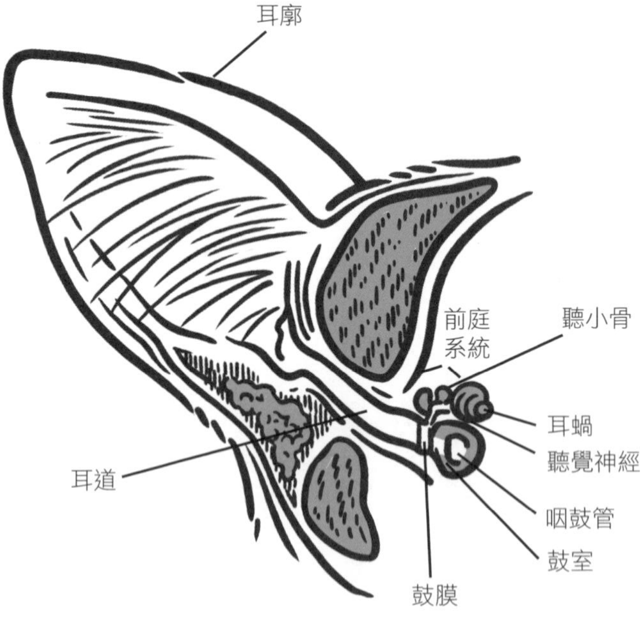

▲**圖 1-12**　貓耳解剖圖。

「隔間」，這使得寵物醫生很難徹底解決貓的中耳感染問題，內側的那個「隔間」，藥物往往很難到達。

通常情況下，**貓的耳道有一種自我清潔機制**，牠們並不需要鏟屎官幫忙保持耳朵的衛生。事實上，試圖清潔貓的耳朵反而會導致貓咪出現一些問題。貓是一種非常敏感的動物，當人們把東西放進牠們的耳朵裡時，牠們很容易產生緊迫反應[4]，所以**鏟屎官沒必要經常給貓掏耳朵**，除非貓的耳朵真的出現問題。

對鏟屎官來說，**貓耳朵的溫度可以幫助判斷貓是否有壓力**。貓對恐懼和壓力的反應包括腎上腺素增加，和其他導致身體產生能量的生理變化，**部分能量以熱能的形式釋放出來，貓的體溫會上升**。**貓右耳的溫度與緊迫反應中釋放的某些激素**[5]**水平有關**，這可能是判斷其心理壓力的一個可靠指標。如果想知道一隻趴著的貓，是身體不舒服還是純粹的懶洋洋，可以試試摸摸牠的右耳。

貓的耳朵中還有一個人類沒有辦法解答的祕密。一個人如果觀察貓的時間足夠長，

4 指身體對各種內、外界刺激因素所做出的適應性反應的過程。

5 Hormone，音譯荷爾蒙。是由內分泌腺產生的化學物質，隨著血液輸送到全身，控制身體的生長、新陳代謝、神經訊號傳導等。

可能會注意到貓耳朵外面有一個小口袋。它是一個毛茸茸的小口袋，就在外耳的底部。這個結構的正式名稱叫做「袋耳」，或者叫「亨利小袋子」（Henry's Pocket，見圖1-13）。這個小口袋本質上只是一個皮膚褶皺，在貓、蝙蝠和狗身上很明顯。

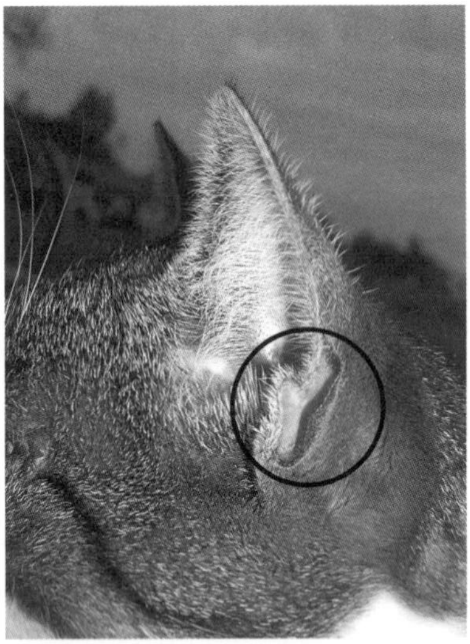

▲**圖 1-13** 「亨利小袋子」位於耳廓兩側，是寄生蟲喜歡出沒的地方。（圖片出處：維基共享資源〔Wikimedia Commons〕公有領域。）

「亨利小袋子」位於耳廓兩側，有人猜測其在動物狩獵或玩耍時，可以透過降低低音來幫助動物探測高音，使動物的聽覺更為靈敏。然而，這只是一個假設，至今為止，人類還沒有理解這個小袋子的用途，唯一可以肯定的是，**「亨利小袋子」是寄生蟲喜歡出沒的地方**。

現在回過頭來繼續觀察貓耳朵的形狀。貓耳通常呈直立狀、三角形。但若仔細分辨，不同貓耳之間的差異並不小，大小和形狀都不盡相同，尤其是在不同的品種貓之間。比如，波斯貓是小小的耳朵，而暹羅貓是像蝙蝠一樣的喇叭狀耳朵。有些品種貓的耳朵底部比其他品種更寬；有些品種貓的一對耳朵在頭頂靠得很近；還有些品種貓的耳朵很寬，中間隔著寬闊的前額。

「摺耳」是缺陷，不是品種

根據品種的不同，貓耳朵的頂端呈現出圓形、尖形、簇狀或流蘇狀。除此之外，有的貓因為罕見的基因突變，在正常的耳朵後面有一對更小的耳朵。這對小耳朵並不能用來聽聲音，耳朵內部並沒有中耳和內耳的部分。

除了上述一般貓耳朵的形狀，貓的世界裡還有兩種比較特殊的耳朵形狀，第一種是向前折疊，第二種是向後彎曲。耳朵向前折疊的貓被稱為「摺耳貓」（見第七十五頁圖1-14右圖），如今一般指的就是蘇格蘭摺耳貓，和這一品種後續在美國繁殖出的長毛高地摺耳貓。摺耳貓是耳朵有基因突變的貓，這種貓的耳朵軟骨部分有一個折，使牠們的耳朵向前彎曲。產生這樣的耳朵要歸咎於一個名為「Fd」的基因，這個基因和貓的軟骨生長有關。當貓帶有 Fd 顯性基因時，軟骨的生長就可能變得不正常，最直接的表現就是貓的耳朵立不起來。

正常貓的這兩個等位基因都是隱性，其基因型寫作 fdfd，這時牠的耳朵就是直立的。如果這兩個等位基因中有一個是顯性的，貓的基因型寫作 Fdfd，貓可能是摺耳也可能不是摺耳。但**如果一隻貓是 FdFd 基因型，那牠就鐵定患有「蘇格蘭摺耳貓骨軟骨發**

育不良症」（Scottish Fold Disease），**耳朵一定立不起來**。在出生幾個月到幾年後，這隻可憐的貓，牠的四個爪子和尾巴的骨骼就會發生畸形，走起路來會一瘸一拐，動作也會格外僵直，尾巴則會變得又粗又硬，不能隨意搖動。目前的研究認為，哪怕是 Fdfd 型的貓，骨骼發生病變的危險也會增加，只不過與 FdFd 型的貓相比，發病的程度更輕，發病時的年齡更大而已。

這種貓之所以叫做蘇格蘭摺耳貓，是因為這個顯性基因性狀是在一九六一年的蘇格蘭發現的。蘇格蘭摺耳貓的始祖是一隻名為蘇西（Susie）的白色長毛貓，牠的耳朵中間有一道不尋常的折，這道折使牠的耳朵耷拉[6]著，看起來就像一隻貓頭鷹。後來，蘇西和一隻英國短毛貓交配並成功懷孕，生下的小貓中，有一對白貓遺傳了這種耷拉著耳朵的性狀。這對小貓中的一隻白色雌貓後來被一個叫威廉．羅斯（William Ross）的人收養，羅斯隨後向英國愛貓協會登記，由於這種貓獨特的遺傳性徵而取名為「摺耳貓」。

遺傳學家派特．特納（Pat Turner）知道這隻貓後找到了羅斯，開始和他一起繁殖這種蘇格蘭摺耳貓，在頭三年，總共孕育了七十六隻小貓，其中有四十二隻是摺耳。沒過多久，這些摺耳貓的四肢、尾部和關節開始變得畸形，以致在一九七四年，英國愛貓協會不再承認該品種，並且限制這種貓參與貓展。不過在一九七一年，羅斯的妻子送了一些蘇格蘭摺耳貓給一位美國遺傳學家，蘇格蘭摺耳貓在大洋彼岸的美洲繼續繁衍。

經過和英國短毛貓、異國短毛貓和美國短毛貓的雜交繁育，蘇格蘭摺耳貓嚴重的關節畸形現象得到了控制，但目前在市面上所購買到的蘇格蘭摺耳貓，仍會出現軟骨異常增生、行動不便、呼吸道狹窄、心血管疾病等問題。畢竟在基因的力量面前，任何細心照顧、科學繁育、愛心飼養都顯得杯水車薪，所以很多人都呼籲不要再繼續繁育蘇格蘭摺耳貓。

不過，CFA和國際貓協會（The International Cat Association，簡稱TICA）一直對Fd基因持有模稜兩可的態度，這間接的鼓勵了人們繼續繁育這種出生即不幸的貓。

跟蘇格蘭摺耳貓的悲傷命運不同，捲耳貓（見圖1-14左圖）並沒有付出特別的代價。第一個被認可的捲耳品種是美國捲耳貓。牠的耳朵彎曲向後豎起，摸起來很僵硬。美國捲耳貓起源於一九八一年的一隻叫做舒拉密斯（Shulamith）的流浪貓。舒拉密斯是一隻黑色長毛母

6 下垂的樣子。

▲圖 1-14 捲耳貓（左）和摺耳貓。

貓，有著奇怪的捲曲耳朵。在被收養後，牠生了小貓，其中一些依舊長著捲曲的耳朵。這些捲耳貓在一九八三年的貓展上引起了人們的注意，並在一九八五年得到了新品種的認可。

這種突變是一種顯性基因，所以一窩小貓中通常既有捲耳貓又有豎耳貓，誰也說不準哪隻小貓會長出漂亮的捲耳朵。在出生後的幾天裡，所有小貓的耳朵都是豎著的，但在接下來的四個月裡，一些貓的耳朵會開始慢慢轉動，直到達到最後的半捲曲狀態。就目前所知，這種基因的突變並沒有給貓帶來副作用。

在確定了捲耳貓的特徵後，人們就有可能將美國捲耳貓與其他品種雜交，培育出新的品種。例如，短腿捲耳貓就是美國捲耳貓和曼赤肯貓的雜交後代。由於捲耳的特徵特別受到人們青睞，不少繁育人都在利用美國捲耳貓培育新品種貓。

若是美國捲耳貓和蘇格蘭摺耳貓雜交，結果會怎麼樣呢？雖然人類知道出生的貓很有可能會經歷痛苦的一生，但依舊有好奇者做了這樣的嘗試。結果就是出生的貓兩隻耳朵會向後折疊得非常厲害，彷彿捲耳基因翻轉了摺耳的方向。**人類為了得到異寵，在繁育的道路上，常常戴著上帝的面具做著惡魔的勾當。**

06 從尾巴看心情

由於貓和人類是如此不同的動物，理解貓以及與貓交流，對人類來說不是一件容易的事情。有些鏟屎官覺得貓的表達能力不強，愛貓的喜怒哀樂往往讓他們捉摸不透。之前的章節已經提到過，貓的耳朵和眼睛的一些變化能夠表達出貓的想法和感受，除此之外，貓尾巴也具有參考價值，有自成一體的貓尾巴語言。一旦了解貓尾巴語言，人類就能讀懂貓的情緒，識別出給貓帶來痛苦或快樂的情境，甚至更快的判斷出貓是否生病。

值得慶幸的是，人類學者中的動物行為學家對此做了詳盡的研究，幫助鏟屎官理解貓尾巴語言。

雖然對鏟屎官來說，貓尾巴語言是一門必修課，但大多數的貓並不喜歡鏟屎官把注意力放在自己的尾巴上，也就是去撫摸貓尾巴以及周圍的區域。**貓主人若是想要和貓互動，請把注意力集中在貓的下巴和耳朵，在這兩個區域周圍愛撫和抓撓。**此外，在撫摸貓的過程中，如果貓的尾巴開始抽動，耳朵向後轉，身體逐漸遠離你，這表示貓已完成互動，注意力已經轉移。

14種貓尾巴語言解析

人類學習貓尾巴語言，就像學習任何外語一樣，需要用心和時間。一旦入門，很快你就能像一個專家一樣談論貓尾巴語言，讓你和貓咪之間的關係變得更加和諧和幸福。

這裡就獻上一本貓尾語詞典。

- **高高翹起的尾巴**：當貓的尾巴高高向上翹起，這意味著友好和舒適，表示貓感到快樂和有自信，沒有任何威脅。這種把尾巴像小旗杆一般豎立著，然後慢慢靠近你的方式，是貓在表示對你有好感的信號。這是貓在幼年時期，為了讓母貓方便舔拭其排泄物而養成的習性。
- **翹起呈問號形的尾巴**：這樣的尾巴也是表示友好的一個標誌，但些許不同的是，這時的貓是對某事感到好奇。如果發生在小夥伴之間，就是「來追我呀」之類玩耍的邀請。
- **尾巴拍打地面**：如果一隻貓用力拍打尾巴，那就是準備攻擊的信號，這種姿勢表示貓感受到威脅。
- **尾巴裹住身體（通常身體直立，尾巴蓋住爪子）**：這種姿勢表示貓對周圍的環境感到緊張，牠們會用尾巴纏繞自己的身體，讓自己感到安全和舒適。貓在冷的時

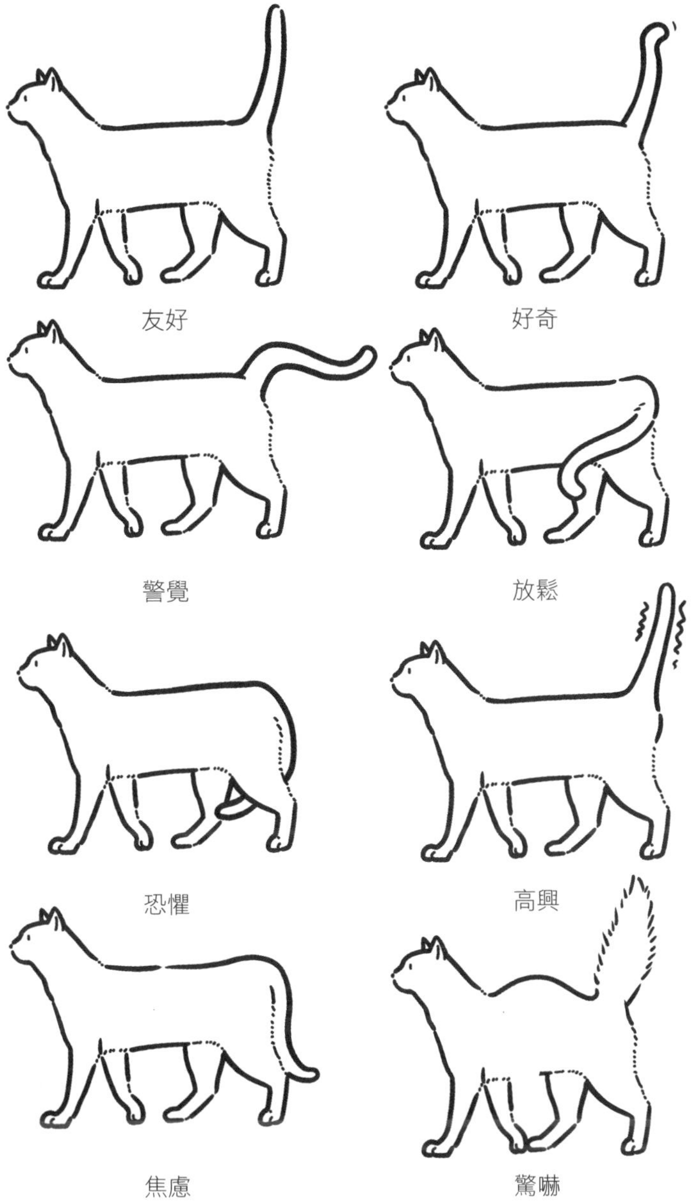

▲**圖 1-15** 貓咪尾巴語言。

候也會這樣做，以此來溫暖牠們的小爪子。

- **尾巴向上，前後擺動**：很明顯，尾巴朝上一般都是好事。如果一隻貓的尾巴在前後擺動，那麼這意味著貓有點「嗨」，牠感到很興奮呢！
- **尾巴筆直的朝下**：一隻貓的尾巴筆直的朝下並不是什麼好的信號，這表示牠現在很激動，很可能具有攻擊性。不過，有些品種貓，如波斯貓和蘇格蘭貓，牠們在嬉戲時也會傾向於垂著尾巴。
- **放鬆下垂的尾巴**：如果貓的尾巴放鬆耷拉著，那麼牠最有可能是在坐著，或是在休息，這表示「我現在很愜意」。
- **左右快速搖著尾巴**：你或許知道狗在高興時會搖尾巴，但貓可不一樣。貓在被惹惱時經常快速搖動尾巴，這時候的貓內心正焦躁不安，很可能會進一步發展為撕咬等攻擊行為，看到這個信號千萬不要去逗貓！
- **把尾巴藏（夾）起來**：如果一隻貓把尾巴藏（夾）在自己的身體下面，那牠一定是遇到了無法戰勝的強大對手，或者對當下情境感到十分恐懼。這個時候的貓，往往還會把自己的身體縮起來，使自己看上去弱小一些，藉此來表達「我輸了，我投降」的意思。
- **貓尾巴炸毛（通常貓的背部會同時拱起）**：這是經典的萬聖節貓造型。這樣的尾巴只意味著一件事，那就是恐懼。貓正在鼓起尾巴，讓身體看起來更大一些，有點虛張聲勢的意思。比如，貓在沒準備的情況下遇見敵人，或突然聽到巨大響聲。這時你最好和牠保持距離，不要以任何理由試圖和這種姿勢的貓互動，這只會給牠造成更大的壓力。

- **慢慢的前後搖擺著，還有點抽動**：當貓專注於某樣東西時，比如飛舞的蒼蠅，牠就會做出這種尾巴運動。此外，貓處於捕獵模式時，尾巴也會前後擺動，以此來迷惑獵物。
- **貓尾巴繞在你身上**：相信這是鏟屎官最喜歡貓做的事情之一，這是愛的象徵！
- **一隻貓的尾巴纏著另一隻貓**：當你看到一隻貓對另一隻貓這樣做的時候，就好像這隻貓在擁抱另一隻貓一樣，這表示貓與貓之間的甜蜜關係。
- **被呼喚後搖起了尾巴**：當你叫貓的名字後，有的時候牠會喵喵叫著回應你，但有的時候牠只是輕輕搖動幾下尾巴。這種差異是由於貓的情緒模式不同，如果貓正處於「幼貓模式」中，想跟主人撒嬌，那麼牠就會喵喵叫著回應你；如果貓此時處於「成年模式」，對你的呼喚牠就只會簡單搖動幾下尾巴來回應。表示已經知道你在叫牠，但是還要特地開口回應你太麻煩了。

怎麼樣，有沒有成為貓尾巴語言大師？想要把貓尾巴語言融會貫通有一個先決條件，那就是你的貓必須有尾巴。

不是所有的貓都有尾巴

不要詫異，這個世界上並不是所有的貓都有尾巴。一隻正常貓的尾巴平均有二十一至二十四節椎骨，正常範圍為十八至二十八節椎骨，平均長度為二十五公分，正常範圍是二十至三十公分，一些特殊品種的貓尾巴可以超過三十五公分。

正常貓咪的尾巴都是直的，但如果基因變異，就會長出各種捲尾巴的貓。一九四〇年，美國動物學家艾達·梅倫（Ida Mellen）寫過一篇討論貓尾巴怪異之處的文章，裡面就記錄了彎曲的、被剪短的，甚至是雙尾巴的貓。一八六八年，達爾文在《動物和植物在家養下的變異》一書中也寫道：「在馬來群島、泰國和緬甸等大片地區，貓科動物的尾巴都被截短到了大約一半的長度，尾巴末端往往有一個結。」

這種貓叫做短尾貓，雖然同名，但並不是貓科動物下的另一種動物——截尾貓（*Lynx rufus*，別名紅褐猞猁），牠們的尾巴上會有一個扭結，這個扭結會對脊椎產生影響，因此尾巴不能被拉直。短尾貓基因的突變在亞洲很普遍，最遠的地域可以延伸到俄羅斯。早期暹羅貓中就有彎曲的尾巴，如今在泰國的暹羅貓中仍然可見。泰國皇室有養貓的傳統，在一個傳說中，一位公主在洗澡時把她的戒指交給了一隻宮廷貓，她把戒指穿在貓的尾巴上，貓把尾巴打了個結，這樣戒指就不會掉下來，因此，這個戒指在尾巴的扭結上留下了印記。

短尾的基因變異在不同的地理區域都會獨立發生，比如在日本就有日本短尾貓，也就是「招財貓」的原型；在美國則有美國短尾貓。在TICA將短尾貓註冊為正式的貓品種後，人類又開始了混配繁育的大戲。例如，將曼赤肯貓和北美短尾貓雜交，產生短腿短尾的品種。

二〇〇六年，TICA限制了一些混亂的繁育趨勢，遺傳學委員會的報告寫道：「委員會建議TICA不要再接受任何新雜交而成的短尾品種，只接受沒有表現出新突變的品種登記，目前的突變將只保留給目前公認的品種。」這一舉措大大降低了人類對短尾進行無限制雜交混配的熱情。不過，依舊有繁育人繼續嘗試短尾貓新品種的繁育，比如被稱為「田納西短尾貓」的品種。

由於「但凡在美國發現的短尾貓，都屬於美國短尾貓」這一規定，再加上眾多愛貓協會不接受新的短尾貓品種註冊，「田納西短尾貓」的繁育者正在努力，讓自己的品種進入「珍稀和外來貓科動物登記協會」（Rare and Exotic Feline Registry，簡稱REFR）的名錄。

短尾貓雖然尾巴短，但至少還是有尾巴的貓，人類還是能夠透過牠們的貓尾語判定貓的情緒。但是，如果一隻貓沒有尾巴呢？

一八〇九年，英國愛丁堡的一隻母貓產下了一窩沒有尾巴的小貓，但是這個無尾貓品種並沒有被及時繁育下去。一九九〇年代，英國艾塞克斯（Essex）又出現了一隻沒有尾巴的侏儒母貓，但是牠的排便能力很差，既沒有促進排便的神經，也沒有幫助排空直腸的尾巴底部肌肉。這些因為基因突變而產生的無尾貓，在歷史上短暫的出現，僅留下了非常有限的紀錄。

只有一種無尾貓成功的生存下來。一八三七年，在英國康沃爾（Cornwall）和多塞特郡（Dorset）兩地的村莊裡，有報導聲稱發現了一種沒有尾巴的貓。一九〇九年，這種沒有尾巴的品種被稱為「威爾斯貓」（Cymric）或「曼島貓」（Manx）。

一九五九年一月，康沃爾郡聖科倫布的布萊克少校（Major Black）在《我們的貓》（*Our Cats*）雜誌上發表了一篇文章，其中寫道：「威爾斯貓通常是一種斑貓，斑點如栗子般大小，前腿短，後腿長。頭骨是扁平的，耳朵小而向後仰。威爾斯貓在這個郡很有名，但並不常見。牠們的尾巴通常有三英寸[7]長，總是被緊緊的夾住。牠們天生安靜，但開口時，聲音又響又刺耳。牠們是優秀的獵人。」

一九五九年二月，曼島的特文寧女士（N. S. Twining）寫道：「威爾斯貓應該和曼島貓有親緣關係，儘管布萊克少校在文章中說，牠們通常有一條三英寸長的尾巴，但事實上牠們很少長尾巴。」

其實，布萊克少校的文章並沒有錯，因為康沃爾郡和多塞特郡的貓可以和周圍的貓交配，牠們無尾的特徵並沒有保留下來。但在曼島上，由於與其他貓科動物的基因隔離，這種特徵被延續了下來。

關於曼島貓有許多傳說。最普遍的說法是，牠們是貓和兔子的雜交品種。另一種說法是，曼島貓遲遲沒有登上方舟，諾亞「砰」的一聲關上了方舟的門，切斷了這隻磨蹭的貓的尾巴。還有一個說法是，古代的戰士們把貓尾巴割下來裝飾自己，而貓媽媽為了不讓小貓受到這種待遇，在小貓出生時就把牠們的尾巴咬掉。曼島貓的尾巴當然不是被方舟的大門切斷、被戰士揮刀斬斷，或被貓媽媽咬掉的，而是由於基因突變。

達爾文在《動物和植物在家養下的變異》中繼續寫道：「曼島貓沒有尾巴，後腿很長。威爾遜博士（Dr. Wilson）把一隻雄性曼島貓和普通的母貓雜交，在二十三隻小貓中，有十七隻沒有尾巴；當雌性曼島貓和普通的公貓交配時，所有的小貓都有尾巴，儘管牠們通常都很短，而且不完美。」

英國作家約翰·伍德（John George Wood）在他出版的《自然圖志》（*Illustrated Natural History*）中曾嫌棄的描述道：「曼島貓是一個奇怪的品種，因為這種貓完全沒有尾巴，尾巴的位置只有一個相當大的凸起。當牠們像家貓一樣爬上屋頂，沿著欄杆走時，最明顯的是牠們沒有一般的尾部附屬物。這種形式的獨特變化是如何產生的，非常值得懷疑，且目前還沒有一個正確的答案。這種貓絕不是一種漂亮的動物，因為牠們有

7 七·六二公分，一英寸等於二·五四公分。

一種令人不愉快的、古怪的外表，也沒有尾巴，所以缺少貓科動物所具有的那種令人著迷的優美動作。一隻黑曼島貓，眼睛炯炯有神，尾巴殘缺，是最怪異的野獸。」

雖然一度被人嫌棄，但是無尾的特性讓曼島貓得到了一部分人的青睞，並且一代一代繁育了下來。如今，牠們已經成為曼島的象徵，連曼島的交易貨幣上都鑄有無尾貓的形象。這種貨幣又被稱為**「貓幣」（見左頁圖1-16），是目前世界上最流行的貴金屬紀念幣之一。**

產生曼島貓的主要突變基因是顯性基因M，一般有尾巴的貓是mm基因型。如果是雜合子貓（Mm基因型），貓存在沒有尾巴的可能性。同時，這個基因也可能造成貓脊柱和骨盆發育異常和脊柱神經異常，包括失禁或者更罕見的脊柱裂，通常被稱為「曼島貓症候群」（Manx Syndrome）。

患了這種症候群的貓，脊椎頂端的椎骨往往比一般的貓短，脊柱椎骨後端的數量較少，可能會融合在一起，導致活動能力下降。另外，這種貓的骨盆和骶骨（又稱薦骨、薦椎，位於骨盆腔後上方，上承腰椎，下接尾椎）可能畸形或融合，導致盆腔口過窄，不能輕易排便。

曼島貓獨特的兔子般跳躍的步態，一度被認為是一種特徵，現在卻被認為是一種缺陷。雖然一些繁育人強烈否認曼島貓症候群的存在，但正是由於該症候群的存在，該品種的貓如今被人類用作脊柱裂的動物模型。

純合子的曼島貓（MM 基因型）幾乎不存在，因為這樣的貓通常在胚胎期就由於神經管嚴重異常而不能存活。這些胚胎通常在受孕不久後就會在貓媽媽肚子裡被吸收，或者成為死胎。這就意味著在統計學上來說，曼島貓的幼崽[8]比其他品種的貓少二五%，也意味著沒有純種的曼島貓。曼島貓中母貓的比例異常高，這表示公貓存活的可能性更小。

現在曼島貓的繁育中，人類小心翼翼的挑選著沒有明顯脊柱缺陷的貓繁殖後代。信譽良好的繁育人一直在努力消除這些缺陷，或減少異常的發生率。經過選擇性繁育，如今有缺陷的貓數量已經大大減少。

8 指不到六個月大的小貓。

▲**圖 1-16** 曼島貓幣，上面印有無尾貓的圖樣，深受愛貓人士喜愛。

07 交流從氣味開始

鼻子對貓來說，是另一個重要的感覺器官。貓是透過鼻子裡「嗅上皮」中的嗅覺細胞來感知氣味，貓可以分辨出遠在五百公尺以外的微弱氣味。貓的嗅上皮展開後的面積有二十一至四十平方公分，而人的嗅上皮面積只有區區四平方公分，再加上貓的嗅覺神經末梢約有九千九百萬個，而人只有五百個，因此其嗅覺敏感度是人類的二十萬倍以上。

當貓初次來到一個地方，或者初次遇見一個陌生人，等牠度過了驚恐時間後，鼻子就會開始發揮功效。貓會將那些沒見過的東西都聞一遍，內心想著：「哦哦，這個東西原來是這個氣味，好的，我記住了。」牠只有把所有新事物的氣味都記住後，才能安下心來。

雖然貓的鼻子在臉上並沒有像牠大大的眼睛那麼好看，但**和視覺相比，貓更依靠嗅覺來判斷各式各樣的東西**。比如，一隻貓只要聞了其他貓的尿或臭腺[9]的氣味，就能判斷出那隻貓是「小哥哥」還是「小姐姐」，以及牠是不是正在發情期。再比如，剛出生的小貓，眼睛還沒睜開時，只能靠聞母貓的氣味來尋找乳頭。

當兩隻貓在一起時，牠們就會湊近對方，互聞對方嘴巴的味道來蒐集資訊，彷彿是在互相打招呼，說：「今天吃了什麼呀？」只不過因為貓的鼻子比較突出，所以看起來彷彿是兩隻貓互碰了鼻子。這也就是為什麼當你把手伸到貓的鼻子前時，牠會聞你的手指，手指看起來就像是突出的貓鼻，貓會出於一種本能開始聞它的味道。

這種資訊交換的方式並不僅限於聞嘴巴，還更頻繁的出現在貓互相聞對方的肛門和生殖器，因為這些器官上的味道更濃郁。當然，這個時候貓的意思並不是「今天排便順不順利呀」或者「嘿，兄弟，你的屎味道怎麼樣」，貓聞這些部位是為了搞清楚對方的狀態。人類只有一張臉，喜怒哀樂的訊息都擺在上面。但是**貓長了兩張臉，除了一張惹人類喜愛不已的臉之外，還有一張「肛門臉」**。

「肛門臉」**指的是每隻貓所特有的氣味**，這種氣味由位於肛門兩側的肛門腺所分泌出來的物質產生。**貓可以透過聞一個同類的肛門區域，獲得關於這個同類的性格以及心情狀態的資訊**。不過，並不是每一隻貓都允許陌生的貓去聞自己的肛門部位。就算是關係很好的兩隻貓，也會放棄去檢查對方的肛門，僅僅碰碰對方的鼻子來交流。

貓的鼻子對含氮化合物的臭味特別敏感，對味道不討牠們喜歡的食物，貓瞧也懶得瞧上一眼。這是貓與生俱來的防衛本能，判斷食物是否危險、是否為自身所需。對將動

9 動物體內具有分泌臭液或放出臭氣的腺。

物蛋白質作為營養來源的貓來說，牠們能夠透過氣味，來判斷食物是由哪些蛋白質構成。食物不同，貓的反應也不同，這是嗅覺太敏銳的緣故。因此，鏟屎官若是把放了很久，或者腐敗的食物端到一隻貓的面前，除非牠已經餓得眼冒金星，不然一定引不起牠的食慾。

由於**貓的舌頭上沒有很多味蕾，嗅覺承擔了刺激牠們食慾的**工作。患有上呼吸道感染，或其他鼻腔疾病的貓通常會停止進食，這是因為沒有嗅覺就沒有胃口，這個時候貓主人可以選擇**把食物稍微加熱一下，增加食物的香氣，鼓勵貓吃東西**。

除了臭肉，**貓對另一種叫做貓薄荷的植物所發出來的氣味也特別敏感**，一些貓（尤其是公貓）會被這種氣味吸引，聞了這種氣味就會心醉神迷的在地上翻滾。這是因為貓薄荷內含有某種油脂，而這種物質與發情母貓分泌在尿

中的物質，有著非常相似的化學結構，所以貓薄荷對貓來說，是一種非常「性感」的植物。這種油脂成分同樣存在於奇異果樹的枝幹和葉子中，因此若摘了奇異果樹的葉子給貓咪，牠們也會開心的在地上打滾。

鼻紋如同指紋，獨一無二

貓的嗅覺極為敏感，因此一些氣味也會讓牠們很不舒服。比如一些有香味的貓砂，雖然這些氣味可能讓嗅覺遲鈍的人類聞起來很舒服，但可能極度刺激貓的鼻子。除此之外，**貓也不喜歡柑橘、尤加利樹、薰衣草和茶樹油的味道。**

貓的鼻子除了承擔嗅覺功能，還有另一個重要的作用，那就是當作溫度計。**鼻子是貓全身對溫度變化最敏感的地方，感知靈敏度達到了攝氏〇．二度。貓測試食物溫度靠的就是鼻子**，而不是舌頭。天氣熱時，貓尋找涼爽舒適的地方休息，靠的也是鼻子。

貓有時候會伸出舌頭舔一下整個鼻子，這個動作背後的作用仍然是個謎。一些動物專家認為，舔鼻子是貓嗅覺的重置按鈕，可以去除任何可能干擾其嗅覺的殘留物。還有人說舔鼻子與嗅覺無關，實際上是貓焦慮的表現。

貓鼻子的顏色不盡相同，不過絕大多數與其毛的顏色有著非常明顯的關係。黑色的貓有著黑色的鼻子，白色的貓有著粉色的鼻子，橘貓有著橙色的鼻子，灰貓有著灰色的鼻子。如果你有一隻玳瑁貓或三花貓，那麼牠就可能有著一個五彩斑斕的鼻子。

除了顏色不同之外，貓鼻子上還有屬於每一隻貓自己的「身分證」。人和其他靈長目動物都有著屬於自己、獨一無二的指紋。**貓沒有指紋來驗證身分，但是有「鼻紋」，而且貓的鼻紋和人類的指紋一樣，是一輩子都不會改變的東西。每一隻貓的鼻紋都不相同，**就算是用克隆[10]技術複製出來的貓，牠們的鼻紋也不同[11]。

關心貓的鏟屎官經常會疑惑，貓鼻子乾燥是不是意味著貓生病了？答案很簡單，就是「不」。有很多原因會讓貓的鼻子變得乾燥而溫暖，比如，貓在晒太陽，或待在空氣循環不良的房間裡、或者躺在散熱器前。事實上，貓的鼻子在一天之中可能會幾經乾溼交替。不過，貓的鼻子確實可以告訴你牠的健康狀況。如果貓的鼻子破裂，上面有結痂或潰瘍，那麼牠可能就有皮膚問題。如果你已經知道貓生病了，那牠的鼻子可能是因為脫水而顯得乾燥。

檢查貓的鼻子時，其實要注意的是鼻子的分泌物。如果貓只是在流鼻涕，那黏液應該是透明的；如果牠正在分泌泡沫狀、稠狀、黃色、綠色甚至黑色的黏液，那你就要小心了，保險起見還是帶牠去寵物醫院檢查一下吧。

08 鬍鬚不能剪、不能剪、不能剪

鬍鬚對人類來說並不是什麼了不起的東西，在古代，男人和女人都喜歡鬍鬚。男人靠它搭訕把妹，女人靠它來挑選男人。隨著人類文明的進步，鬍鬚生物學意義的作用漸漸消失了，以致現在鬍鬚對男人來說，並不是什麼必需的東西。

在貓的世界中，鬍鬚的使命則完全不一樣。人們常犯的一個錯誤是，認為貓的鬍鬚之於貓，和人的毛髮之於人的功能一樣。然而，**鬍鬚**在貓身上可不是什麼簡單的裝飾品，而**是觸覺感受器**。這些更長的、更硬的毛髮有自己專有的名字——「觸毛」。這些貓鬚比貓身上的毛更深入的嵌在貓的身體裡，振動訊號與敏感的肌肉和神經系統緊密相連，將周圍環境的訊息直接傳遞給感覺神經，加強貓的感覺，幫助貓探測周圍環境的變

10 clone 的音譯，一般意譯為複製或轉殖，是利用生物技術，由無性生殖產生與原個體有完全相同基因組織後代的過程。

11 在韓國，甚至有開發鼻紋生物辨識的業者宣稱，只要用智慧型手機將貓狗的鼻紋拍照上傳，就能登錄身分。未來一旦走失，或有善心人士撿到，可以快速靠著鼻紋比對驗明正身，準確率高達九九％。

化並做出反應。簡單的說，貓鬚有點像雷達。

貓的嘴邊基本上都有二十四根鬍鬚。雖說如此，由於鬍鬚一直在生長替換，很少有機會長齊全。

貓的鬍鬚末端有一種叫做本體感受器（proprioceptor）的感覺器官，它向大腦和神經系統發送觸覺訊號。本體感受器與身體和四肢的位置有關，是主體了解身體各部分位置的重要參照，可以決定下一步的即時動作。

這個器官使貓的鬍鬚對貓所處環境中，哪怕是最小的變化都非常敏感。鬍鬚不僅能幫助貓判斷自己是否能通過狹小的空間，還能幫助貓在追逐獵物時，根據空氣中的震動做出反應。

貓兩邊鬍鬚的最末端之間，**長度跟貓的身體寬度差不多**，因此，當貓把牠的頭穿過洞口時，相當於同時在做一個「鬍鬚檢查」，確定自己的身體是否能鑽進這個洞裡。如果鬍鬚刷到洞的兩邊，貓就知道這個洞對自己的身體來說太小了。

鬍鬚同時也是貓視覺上測量距離的一種方式，能精確感受到〇．〇〇〇〇〇五公釐的差異，這就是為什麼貓能夠快速優雅的跳到狹窄的窗臺上。

由於**貓的眼睛很難聚焦離牠們非常近的物體**，當貓捕獵時，嘴巴上的鬍鬚像導航一樣，可以幫助牠們確定目標獵物的移動路線，確定眼前的獵物，是否處於自己可以一擊致命的正確位置。

貓咪的鬍子不能剪、不能剪、不能剪

有些鏟屎官會犯一個常見的錯誤，就是認為應該修剪貓的鬍鬚。有些品種貓，比如德文捲毛貓，牠們有捲曲的鬍鬚，所以鏟屎官可能會認為，稍微修剪一下鬍鬚不會對牠們造成傷害。這大錯特錯！**梳理、修剪或拔掉貓的鬍鬚是絕對不能做的。**就像貓的鼻子很靈敏，沒有辦法接受非常強的刺激性氣味一樣，貓鬍鬚的高靈敏度，是建立在鬍鬚的根部有大量的神經細胞的基礎上的。因此，修剪貓的鬍鬚是非常殘忍的，這會給貓造成巨大的痛苦。有些貓的鬍鬚非常敏感，當牠們用一個大小不合適的碗吃食物和喝水時，會因為鬍鬚觸碰到碗壁而感到疼痛。

如果沒有了鬍鬚，貓就會因為迷失方向而感到害怕。**鬍鬚是保證貓的機動性和安全感的重要組成部分**，沒有鬍鬚，貓就無法完成如此令人驚嘆的雜技壯舉，也無法保護自己免受危險。

鬍鬚除了起到引導、跟蹤和雷達系統的功用外，還有一個作用：情緒的晴雨表（見下頁圖 1-17）。當貓休息或感到滿足時，鬍鬚大部分是靜止的。但如果你看到貓的鬍鬚突然貼在臉上，**這可能是貓感到害怕的信號。當你和貓玩追逐遊戲時，你會看到貓的鬍鬚是指向前方的**，表示牠正處於狩獵模式。

一說起貓的鬍鬚，我們自然而然就會想到長在貓嘴附近的那些長鬚，但事實上貓的

平靜、開心

害怕

警戒或激動

▲**圖 1-17**　看貓鬍鬚往哪擺，就能讀懂貓的心情。

鬍鬚不僅長在嘴邊，在貓眼睛上方也有短鬍鬚（有點像眉毛）。當觸摸貓的這幾根鬍鬚時，貓會立即眨眼，這是由於鬍鬚和眼瞼透過反射弧的神經結構相連，當鬍鬚觸及異物時，眼睛就會反射性的閉上。

除此之外，若你仔細觀察貓的前腿，就可以看到前腿內側也長著好幾根鬍鬚。前腿上的這些鬍鬚，能夠幫助貓在黑暗中感知移動中的獵物的存在。其實，貓的鬍鬚布滿了全身，每一至四平方公分就長有一根。這些長在比較令人難以察覺的位置上的鬍鬚，在韌性上雖比不過貓臉上和腿部的那些，但它們有著與其相同的構造和作用。

貓並不是唯一有這種奇妙鬍鬚的哺乳動物。其實，大多數哺乳動物，包括靈長類動物，都配備了這些觸覺靈敏的鬍鬚。

生物學家認為哺乳動物之所以發育出這樣的鬍鬚，是因為牠們需要在夜間感知環境。要知道，第一批哺乳動物可是和恐龍共享世界的，牠們不得不適應在夜間狩獵。鬍鬚能幫助這些飢餓的動物找到食物，為牠們在黑夜中提供導航服務。這種進化的適應也有助於解釋，為什麼許多夜間或水生食肉動物（比如老鼠、海豹和海象）的鬍鬚都那麼發達。

09 貓舌有刺？舌面粗糙妙用多

貓對食物的要求堪比人類的美食家。然而事實上，貓的味覺並不怎麼發達。

貓舌表面很粗糙，這是因為貓舌表面有許多獨特的乳頭狀突起（請掃描第一百零一頁圖1-20 QR Code），而這些乳頭狀突起都具有特殊的生理功能。貓舌頭表面的乳頭可分為三類，即絲狀乳頭（filiform papillae）、菌狀乳頭（fungiform papillae）和輪廓乳頭（circumvallate papilla），主要由角蛋白（Keratin）所構成，與形成人類指甲的物質相同。其中，菌狀乳頭和輪廓乳頭上都含有味覺神經末梢，即和人一樣可以感覺味道的細胞，可以感覺苦味、甜味、酸味和鹹味。

不過有研究表示，貓對甜味不敏感，所以不像狗那樣特別喜歡吃甜食。此外，貓作為一種純肉食動物，無法消化糖類，若是一不小心吃太多甜食，還會拉肚子。比起舌頭上的味覺，貓主要還是用嗅覺來判斷眼前的食物是否合自己的胃口。

小貓出生後味覺神經就已經發育完整，不過隨著年紀增長，味覺的敏銳度會逐漸降低。如果貓得了上呼吸道感染，很可能會影響其味覺感知能力，並伴隨食慾不振，就像人類重感冒時，味蕾也會受影響一樣。

絲狀乳頭是貓用來吃食物的重要工具，但也是一把雙刃劍。當貓捕捉獵物時，絲狀乳頭可以幫助貓從骨頭上把肉剔下來，從捕獲的獵物中提取最大的營養物質，並將其直接輸送到口腔後部。但貓舌頭上的這些倒鉤也會鉤住貓不該吃的東西。當貓把繩子或橡皮筋之類的東西放進嘴裡時，絲狀乳頭會直接把它們引向口腔後部。簡單的說，**貓的舌頭只有把東西捲進肚子裡的功能，沒辦法把捲進舌頭上的東西吐出來。**

貓喝水時用的也是舌頭。雖然貓看起來會像狗一樣把水舔進嘴裡，但實際上貓的技巧要比狗厲害得多。貓從來不把嘴放在水裡，而是把舌頭放進水裡，然後很快的把舌頭提起來。牠們舌頭上的乳頭會把水從容器裡的水表面拉起來，形成一根水柱，然後貓就把嘴閉上。這個過程貓在一秒的時間裡可以重複三、四次，直到嘴裡有足夠的水，再吞下去。一些研究人員已經為這一過程製作了慢動作影片（請掃描圖1-18 QR Code），這些影片可以在網路上找到，供好奇的貓主人觀看。

貓舌是貓身體構造中非常迷人的一部分，不僅僅作為其品嘗食物的一種器官，還有著多種用途，比如梳理毛髮。貓可是非常講究自己的衛生和儀容的，醒著時有四分之一的時間都在梳洗皮毛。**絲狀乳頭的另一大功能就是，可以舔除皮毛上的汙垢，梳理雜亂的皮毛和捕捉身上的跳蚤、蝨子等。**這聽起來就像是人類常用的梳子，但事實上，貓舌上的「梳齒」更加

▲**圖 1-18** 貓怎麼喝水？67 倍慢速看究竟。

智能。絲狀乳頭的方向並不是固定的，當貓的舌頭遇到打結的毛髮時，絲狀乳頭就會旋轉，這樣的旋轉使得尖峰更深入的進入糾纏的毛團中，最終使它鬆動。

貓在梳理自己的毛髮時，還可以幫自己降溫，當唾液蒸發時，貓的皮膚和最外層皮毛之間的溫差可超過攝氏一度。據估計，**貓體內水分流失有三分之一是梳毛造成的**。

有些貓比較親近人類，會用自己粗糙的舌頭去舔主人的皮膚，這種粗糙的觸覺對人類來說很難談得上喜歡。但對貓來說，這種粗糙感是非常重要的，尤其是當牠們還小時。小貓出生時可以算是「又瞎又聾」，所以觸覺對牠們來說是一種非常重要的感覺。貓媽媽粗糙的舌頭和梳洗過程的親切感，幫助牠們在睜開眼睛真正看見貓媽媽之前，就與貓媽媽建立了聯繫。

年幼的小貓需要受到刺激才會排便，而母貓舌頭上的乳頭在這方面就顯得尤為重要，**若是缺少了貓舌對其生殖器的刺激，小貓就不會排便**。

貓吐舌頭裝可愛？可能是生病的徵兆

貓有各式各樣可愛而奇特的行為，其中一種就是貓在凝視天空中的什麼東西時，會伸出粉紅色的小舌尖，彷彿被什麼東西吸引，而忘記把舌頭縮回嘴中。在英語系國家中，人們為這個特殊的動作創造了一個新的單字，叫做「blep」。若是上網搜尋這個字，可以查到很多貓伸出舌頭的照片。但是為什麼貓會伸出舌頭？這背後有什麼深意嗎？作為鏟屎官應該擔心嗎？

事實上，對這種看起來很傻氣的行為有著一個科學的解釋，那就是「裂唇嗅反應」（flehmen response）。它是許多動物社會行為的一部分，用來接收空氣中的化學分子的刺激，有利於訊息與其他氣味傳遞至犁鼻器（請掃描下圖 1-20 QR Code）。犁鼻器這種器官人類不大熟悉，因為犁鼻器在人類和一些靈長類動物身上已經退化，人類的犁鼻器只存在於胎兒和新生兒中。但在其他陸生動物身上，犁鼻器還是挺發達的。

貓的犁鼻器是一對長度為一公分左右的小管，一頭堵死，內壁上覆蓋著感覺上皮和嗅黏膜，並透過神經與腦

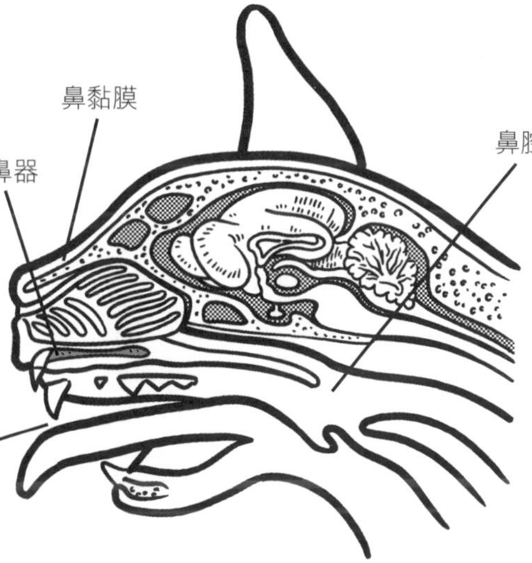

▲圖 1-19　貓頭剖面圖。

▲圖 1-20　貓嘴巴裡的嗅覺器官——犁鼻器。

相連，另一頭開口在上門牙後邊的上顎處。為了讓犁鼻器發揮作用，貓就需要將上唇抬起，嘴半張，小舌頭就露了出來。這種狀況常常出現在貓聞到強烈味道時，如聞到主人腳、襪子和腋下的濃厚氣味。

除了聞到奇怪的味道之外，當貓完全放鬆或者睡覺時，牠也可能會鬆開下巴，剛好讓舌尖露出來。那些面部扁平、嘴巴空間較小的品種貓，或者是缺牙的老貓，可能會把舌頭伸更多出來。

所以說，**一隻放鬆的貓伸出舌頭是完全正常的**，沒有什麼好擔心。不過**對年長的貓來說，經常忘了自己的舌頭還露在外面而不收回去，可能是痴呆症的徵兆**。

在某些情況下，貓會反覆伸出舌頭，這時就要當心了。如果貓把舌頭伸出去好一會兒，那麼牠可能是想調節自己的體溫。這可能發生在非常炎熱和潮溼的日子裡，或者在炎熱的汽車裡，在貓激烈的玩耍後，以及當牠們生病時。要知道，貓降溫主要依靠腳墊，舌頭的作用非常有限，所以貓平常不會像狗一樣明顯的喘氣。

當一隻貓伸出舌頭喘氣時，貓主人需要密切關注，牠會不會因為體溫過高而中暑。另一種情況則是貓暈車了，像人一樣，貓也會暈車。如果你需要載著貓去遠方，有可能會發現牠伸出舌頭，流著口水，氣喘吁吁的樣子。

10 牙齒顧好好、天天吃飽飽

小貓生下來的時候是沒有牙齒的，在一至兩週齡時，乳牙才開始萌出。在六週大的時候，全部二十六顆乳牙都會長出來。到了四至五個月大時，乳牙脫落，恆齒萌出。到六個月大時，所有**三十顆恆齒**都會長出來（見下頁圖1-21）。

這三十顆恆齒包括前面的十二顆小門牙（和人類的門牙一樣，可以將肉從骨頭上刮下來）、四顆犬齒（上下各兩顆尖牙，用來刺穿獵物的脊髓）、十顆前臼齒和四顆臼齒（用來切割食物）。貓的牙齒是專門用來切割、撕裂肉類的，而不是用來磨碎食物，咀嚼植物類材料的能力也很差。在動物中，貓的牙齒數量並不算多，相比而言，狗有四十二顆牙齒。

雖然牙齒的數量算不上多，但貓作為優秀的獵人，這一口利齒的殺傷力絕對不可小覷。被貓咬過一口的人應該都會有印象，除了很疼之外，那些深深的刺穿傷口還很可能會感染。

這是貓的主要武器——那些又長又尖的犬齒的獨特結構所造成。這些牙齒的設計類似於皮下注射針，擅長穿透肌肉，破壞動脈和靜脈等基礎結構。

此外，貓的口腔中攜帶一定的致病菌，當牙齒從獵物身上拔出時，狹窄的穿刺傷口會自動閉合，病菌則留在其中開始繁殖，形成膿腫。這就是為什麼當貓咬了人後，這個人必須要徹底沖洗傷口並就醫，進行抗生素治療。

有些人因為被流浪貓咬傷後，沒在意細小的傷口，最終落得了截肢的下場。

貓的牙齒不僅會給獵物帶來致命一擊，把人類逼上截肢的邊緣（發生的機率很小），對牠們自己來說也是三十顆定時炸彈。

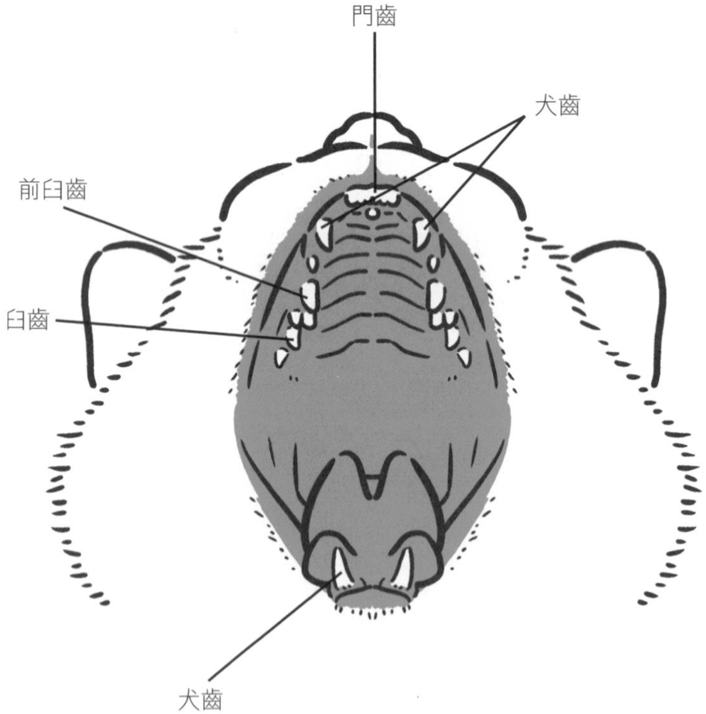

▲**圖 1-21**　貓的牙齒構造圖，6 個月大時，30 顆恆齒都會長出來。

牙齒問題在貓身上很常見，常見的問題有口臭、牙齦腫脹出血、牙齒鬆動和口腔疼痛，這些問題都會導致貓進食困難。

但是貓表現疼痛的方式和人類不太一樣。當一個人牙疼，他身邊的每一個人基本都能察覺到，甚至他養的貓和狗都能感覺到主人的狀態不太對勁。但貓則反其道而行之。一隻貓如果斷了一條腿，人類可以一眼看出來；如果貓覺得皮膚癢，人類也能察覺出來；但如果貓牙齒疼，或許人類什麼都察覺不到。偶爾，貓會在吃東西時用爪子抓嘴、流口水，或故意把頭偏向一邊，以避免用到正在疼痛的牙齒。有些貓會因為牙痛而完全停止進食，或停止吃乾的食物，只吃溼的食物。

這常常被人類誤解為貓對食物變得挑剔，而實際上，牠們很想吃乾的食物，但因為嚼起來很疼，所以不能吃。

八〇%的貓都有牙齦炎

牙周病是貓最常見的牙齒疾病，如果不及時治療，就會導致貓口腔疼痛、牙齦膿腫、骨髓炎（骨感染）和牙齒脫落。口腔細菌會透過病患的口腔組織進入血液，影響其他器官，尤其是心臟瓣膜和腎臟。

牙周病是一種牙周組織的炎症，是由牙菌斑引起的。牙菌斑是附著在牙齒表面的一層細菌生物膜，是身體對細菌及其釋放的毒素產生反應所形成的。當免疫系統對牙菌斑做出反應時，牙齦就會發炎，這是牙周病的第一階段——牙齦炎。隨著炎症的進一步發展，牙周病的第二階段開始，那就是牙周炎。牙周炎會影響牙齒的軟組織和骨組織，貓可能會出現牙齦萎縮、骨質流失和牙周韌帶損傷。如果不趕緊醫治，牙菌斑會在幾天內礦化成牙垢（也稱為牙石），那就必須用機械方式去除了。

幸運的是，只要進行專業清潔和家庭護理，第一階段（牙齦炎）就是可逆的，**在三歲及以上的貓中，高達八〇%的貓都患有牙齦炎**。第二階段的牙周炎就比較嚴重了，是不可逆轉的。一旦貓的牙齦炎發展成了牙周炎，更多的治療就只是為了減輕損害，而不是預防。去除牙菌斑和牙石等清潔工作，需要在貓全身麻醉的狀態下進行。貓在牙科手術前後幾天，還需服用一定量的抗生素。

貓口炎是貓口腔內大範圍出現炎症的一種疾病，常伴隨著劇痛，被這種疾病困擾的貓占貓總數的五%。貓口炎的具體發病機制對人類來說還是一個謎，可能存在多種誘發因素。但是和牙周病不同，貓口炎本質上是一種免疫系統的不正常反應，而不是一種感染。人類曾認為貓愛滋病、貓白血病、貓皰疹病毒與貓口炎有關，但隨後透過實驗排除了這些選項，如今的候選誘因中還剩下貓杯狀病毒（又稱貓卡里西病毒，Feline Calicivirus）與細菌和牙菌斑。

對得了貓口炎的貓，目前的治療方案分為藥物治療和拔牙治療兩種。藥物治療聽起來應該是治療手段的首選，但事實上無論是抗生素還是干擾素[12]，對貓口炎的作用都比較微弱。半口或全口拔牙才是如今治療手段中的首選。徹底、乾淨的牙齒拔除，不殘留任何牙根碎片是達成理想治療效果的關鍵。不要擔心，在被人類餵養的狀態下，沒牙的貓吃小塊肉塊、肉泥和罐頭都不會受什麼影響。

除了貓口炎之外，貓的牙齒還會得另一種神祕的疾病，那就是**貓齒吸收病（Feline Tooth Resorption）。有二〇%至七五%的成年貓可能會罹患這種病，且貓齒吸收病的發生率會隨著貓年齡的增長而增長，約有六〇%的六歲以上老貓會患病**。貓齒吸收病是由破牙質細胞（Odontoclasts）引起的，破牙質細胞負責正常牙齒結構的重新塑造，但是當這些細胞被活化，且沒有抑制作用時，會導致牙齒破壞，因此貓齒吸收病又稱為「貓破牙細胞再吸收病害」（Feline Odontoclastic Resorption Lesions）。這種疾病的成因至今也不明確，但能明確的是患病的貓真的很疼。想要貓從這種病症中解脫，最好的方法依舊是拔牙，一旦牙齒消失了，那貓就不會再受這種牙齒疾病的困擾。

為了讓貓少受罪，也讓鏟屎官的錢包少失血，貓咪牙齒的日常家庭護理是十分有必

12 Interferon，一種幫助細胞與細胞之間溝通的細胞素。當細胞受到病毒感染時，干擾素便會產生，用以通知免疫細胞，做進一步的反應。

要的。所謂護理，其實就是幫貓刷牙。牙菌斑細菌需要二十四至三十六小時才能在牙齒表面定植，這意味著只要採取合理的預防措施，就可以讓貓牙齒上沒有機會積聚導致牙周病的牙菌斑細菌。

當貓還小時，牙齒護理就可以開始了。這一階段牙齒護理的主要作用並不是防治，而是讓貓習慣刷牙這個過程，不然要讓一隻成年貓習慣刷牙可不是一件容易的事情。如今，手指刷已經變得非常流行。這種牙刷可以套在鏟屎官的手指上，然後在牙刷上塗上貓專用的牙膏，利用手指在貓牙齒上摩擦。這種牙膏的味道中帶有貓糧的口味，這讓很多貓雖然不情願，但仍然能忍受這個過程。需要注意的是，**專為人類設計的牙膏並不適合貓使用**。每天刷牙是最理想的，但對貓和鏟屎官來說，這是不現實的，**每週刷兩到三次牙**是一個合理且可以實現的目標。

當然，有的貓會極端的排斥人類的手指伸入自己的嘴巴，碰到這些小夥伴的話，可以試試貓用口腔衛生凝膠。這些凝膠中含有抑制牙菌斑細菌形成的酶，你可以直接把這些凝膠給貓吃，或者摻到牠們的食物中。不過對貓口炎和貓齒吸收病來說，貓牙的日常護理，並不能有效的預防這類病症的出現。因此，定期檢查牙齒，才是避免貓墜入牙疼苦海最重要的保障。

11 男左女右？看貓爪辨性別

貓的爪子在很多鏟屎官看來，可以被選為貓身上最可愛的部分，以致貓爪圖案被廣泛的印在人類的很多織物上。對貓來說，貓爪的存在絕不僅僅為了耍寶，它們封印著很多神祕的本領。

除了獵豹，其他所有的貓科動物都有可伸縮的爪子。就像金剛狼一樣，貓可以把爪子縮進腳趾的鞘裡，需要用爪子來狩獵或抓癢時再伸出來。這樣可以防止爪子觸地發出聲音，讓貓在不被發現的情況下跟蹤獵物，或者悄悄靠近你。但是**貓開始跑跳和攀爬時，牠們的爪子會伸出來，這時爪子的重要功能是抓住地面或其他表面，這樣貓就不會跌倒或失去平衡**。貓能跳得很高，還能優雅的著陸，這是因為貓爪上的肉墊為貓提供了額外的緩衝。肉墊不僅能吸收聲音，還能在貓跳了一大步後減弱衝擊力。

作為一隻貓，在牠的「貓生」中，牠不需要在一群貓面前演講，但這並不意味著牠不存在緊張的時刻。就像人類的手掌在緊張時會出汗一樣，如果一隻**貓感到緊張或害怕，牠的爪子就會出汗**。同樣，恐懼也會讓貓出一爪冷汗。出汗的另一個作用是給生物降溫，人類身體上有很多汗腺來幫助降溫，但是**貓的汗腺僅僅存在於牠們的腳掌上**。可以想見，貓爪的體積有限，因此貓並沒有一個有效的冷卻系統。

貓很講究衛生，舌頭是牠們主要的清潔工具，但即使貓身再柔軟，短短的貓舌也有搆不著的地方，這時候就要貓爪出場了。如果你曾經看過貓的梳洗全程，就會知道牠們是如何用爪子來幫自己做清潔的。首先，牠們會舔一隻爪子，然後這隻爪子會在牠們耳朵、鼻子和頭部的區域以圓周運動的方式反覆摩擦，以達到清潔的效果。

在貓爪的凹槽深處還隱藏著祕密的氣味腺，當貓用爪子在你身上踩來踩去，或者扒沙發時，牠們其實是在用自己的氣味標記自己的領地。這是一種特殊的費洛蒙（pheromone）混合物，是每一隻貓所特有的，就像人的指紋。人類的鼻子通常無法察覺這些氣味，但其他路過的貓可以讀懂其中的意思。被熟悉的氣味包圍可以讓貓獲得平靜，讓牠相信自己仍然是領地的主人。同時，貓的肉墊是一種非常靈敏的感測器，上面有大量的神經，可以獲得周圍環境中的重要訊息，幫助貓感知震動，提醒牠警惕可能的捕食者。

男左女右、前五後四？

既然貓的爪子那麼重要，那麼貓是不是也會和人一樣，會有一隻慣用的爪子？比如貓走路時是先邁左爪還是先邁右爪，玩逗貓棒時又是抬起哪隻爪子和鏟屎官互動？

土耳其阿塔圖克大學（Atatürk University）的學者曾做一項研究，研究發現，五〇％的貓喜歡用右爪，四〇％的貓喜歡用左爪，剩下一〇％的貓沒有特別偏好。一九九三年，法國的學者對四十四隻貓做了一項研究，結果發現，當接近一個移動的光點時，十七隻貓習慣性的伸出了左爪，六隻貓習慣性的伸出了右爪，其餘的貓沒有表現出特別偏好。有偏好使用某一爪的貓，對其主要爪的反應，比對其使用較少的爪更快。

二〇〇九年，《動物行為》（*Animal Behaviour*）雜誌發表了一項英國貝爾法斯特女王大學（Queen's University Belfast）的學者做的研究。他們測試了四十二隻寵物貓的爪偏好行為，發現**母貓更傾向於用右爪，而公貓在面臨複雜或困難的任務時，有很強的左爪傾向，但面對簡單的任務時，公貓會使用任意一隻爪子**。這就跟人類很像了，面對一個簡單的任務，比如打開一扇門或打死一隻蚊子，大多數人會使用離物體最近的手，或者有空閒的手（比如，另一隻手正端著一杯茶或者握著滑鼠）。

然而，人類更喜歡用慣用手來完成複雜的任務，比如寫字和擰螺絲。只有一部分人雙手的靈巧程度相當，可以用任意一隻手來執行複雜的任務。更有意思的是，在人類中，左撇子在男性中比在女性中更常見，這一點也和貓非常相似。二〇一二年，同樣的研究人員又注意到，貓對爪子的偏好，是在其六至十二個月大時發展定型的，這可能與激素和性成熟有關。

如果你仔細觀察一隻貓的爪子，會發現牠的前爪上有一個額外的「小腳趾」。也就是說貓每隻前爪上有五個腳趾，後爪上只有四個腳趾，總共有十八個腳趾。每隻前爪上多餘的腳趾被稱為狼爪（又稱懸趾，dew claw），有點像貓爪子的大拇指，位置比其他腳趾高一些。許多哺乳動物、鳥類和爬行動物身上都有狼爪，通常處於一種已退化的狀態，或者只是為了炫耀，已經失去了原有的功能。但是對貓來說，狼爪還沒有完全退化，依舊可以參與到捕獵和玩玩具的動作之中。

除了狼爪，一些貓的爪子上還可能會有更多的腳趾。這些貓被稱為多趾貓（請掃描左頁圖 1-22 QR Code），多趾貓可能每隻爪子上都有六個，或六個以上的腳趾，腳趾最多的世界紀錄是二十八個腳趾。許多人稱這些貓為「海明威貓」，這是因為海明威住在佛羅里達州基韋斯特（Key West）時，船長送他一隻六趾白貓，被取名叫「白雪公主」。「白雪公主」和當地的貓繁殖，有一半的機率會生下六趾的貓。海明威故居如今是美國的一處著名景點，基韋斯特島也成為五、六十隻多趾貓的家園，這些多趾貓都是「白雪公主」的後代。

多趾貓並不是繁殖不良的產物，而是一種自然發生的遺傳變異。在貓身上最常見的多趾畸形，是一種簡單的體染色體顯性性狀，不會對貓產生不利影響，也不會與其他畸形有關。腳趾的多少似乎並不會造成任何自然選擇的優勢或劣勢，多出來的腳趾並不影響貓的生活和壽命，也不會為牠們捕捉獵物時多增加一分優勢。

▲**圖 1-22**　每隻爪子上有 7 個腳趾的多趾貓。

12 屁股不光用來拉屎

每一名鏟屎官應該都有過這樣的經歷：當你蜷縮在沙發上時，貓慢慢向你走近，跳到了你的膝蓋上，在你身上到處踩一踩，想找個舒服的地方坐下，在這個過程中，一不小心牠的屁股就會直接碰到你的臉。難道貓不知道牠們的屁股有多噁心嗎？還是牠們故意要惹人生氣？事實上，答案是兩者皆否。牠們這麼做是因為喜歡你，也可以說這是愛的象徵（也是領地的象徵）！

貓的肛門兩側各有一個肛門腺，可以分泌出一種惡臭的液體。這種液體平常盛在兩個叫做肛門袋的小口袋裡。這是一種黏稠的液體，呈黃色或深褐色。對人類來說這種液體的氣味很難聞，但是對貓來說這種氣味非常重要。事實上，這種液體所帶的氣味是一種身分識別，可以讓其他貓獲得有關這隻貓的社會地位、情緒，甚至位置訊息。

為了表示友好，貓經常互相摩擦牠們的頭、身體和尾巴。這種行為會交換貓頭部兩側、嘴角、下巴下方、耳朵以及尾巴上許多氣味腺的氣味。**當兩隻貓用身體互相摩擦時，通常會同時向相反的方向移動，從頭部摩擦開始，最後彼此的屁股對著對方。**這正是貓站在你腿上移動身體時所做的，從頭開始移動，到屁股結束。但人類不會配合貓這樣的互動，而是整個過程一動也不動，以致最後是你的臉落在貓的屁股上。

當然，有的時候這個過程並沒有那麼曲折，一隻貓可能會直直的把屁股推到你的臉上，因為牠想跟你說：「你好」，其他貓在打招呼時會嗅牠的屁股，作為主人的你也可以試一試。

還有一種可能性是，這只是一個意外。因為貓在感到開心時會把尾巴豎起來。一隻快樂的貓會把牠最臭的地方暴露給全世界，不管附近有沒有一張倒楣的人臉。如果你養的是一隻長毛貓，那麼在這個時候你可能會看到一小塊便便黏在貓屁股上。當你的臉離那塊討厭的東西只有幾公分遠，你才發現它的存在時，那種感覺實在是「太棒了」。

除了友好的表示，有時候貓會蹲下身子，先扭動一下屁股，大概幾秒鐘後就「嗖」的一下撲向牠的獵物（可能是你蓋著毯子的腳）。這個過程非常滑稽，貓彷彿跳了一齣電臀舞。到目前為止，人類還沒有任何關於這種古怪行為的正式研究，不過動物行為學家給出了一個可能的解釋。這種快速扭動屁股的行為出現，可能是貓正在將後肢壓入地面，從而增加在猛撲時向前推的摩擦力。

不過這個動作也有可能是貓自己的興趣，貓為了增加儀式感，表達自己對狩獵感到多麼興奮。這種行為在貓科動物中的其他成員，比如獅子和老虎身上也曾出現。

那麼，這樣的屁股你願意摸一摸嗎？有句俗話說「老虎的屁股摸不得」，其實觸摸是社會關係的重要組成部分。即使是人類，當還是嬰兒的時候也需要不斷的身體接觸，來得到家人的認可，大多數動物也表現出同樣的需求。在大多數哺乳動物的皮膚下方，有一種特殊的神經元，在愛撫和進行肢體接觸時會觸發它們，這些信號傳遞回大腦後就會被解讀為快樂或獎勵。貓雖然不是群居動物，但仍然享受著這種身體上的情感安慰，從中感到安全感和快樂。

貓的神經系統非常發達，比如人類鼻子中有大約五百萬個神經末梢，而貓鼻子裡有大約一千九百萬個。

有些學者提出理論，認為貓尾巴底部周圍神經末梢的數量高於平均數，所以牠們非常喜歡被人在其屁股周圍區域，為牠們進行舒適的按摩。快樂和滿足信號會給貓的大腦提供一劑強大的**催產素（Oxytocin）或多巴胺**，在貓的大腦中，這兩種激素對快樂起著至關重要的作用，它們**能讓貓感覺很放鬆**。

貓咪愛磨蹭屁股？小心是菊花出問題

除了作為一種交流方式以外，貓身體的這個區域還有一種更重要的作用，那就是把體內的廢棄物排出來。所有的動物都有一個環繞肛門的區域，稱為會陰。雖然很多人甘願接受鏟屎官這個稱號，但若真的開始討論起這個主題，他們依舊難以壓制不想面對的衝動。

貓的肛門周圍區域非常敏感，這裡是許多神經末梢的家園。因此，如果這部分被咬傷、劃傷或感染，貓就會覺得特別痛苦。同樣重要的是，貓主人要注意，超重貓咪的屁股很有可能出現問題。在排便過程中，貓需要對肛門施加壓力，使其排出便便。由於便便經常是黏性的，在排便結束後，貓會清潔自己，以避免便便和毛黏在一起。但是，變胖了的貓，由於圓滾滾的體形而不能用舌頭梳理自己位於遠端的屁股，最終導致該區域出現炎症。

除了貓太胖導致搆不著之外，還有些老貓患有關節炎，牠們可能也很難搆到那麼遠的位置。除此之外，普通貓，尤其是長毛貓軟便拉稀時，很有可能會黏一屁股屎，牠們很可能在還沒有把髒毛舔乾淨時，就跳到床上去，一屁股一屁股的蓋「屎戳」。這個時候，鏟屎官就應該出馬了，可以用柔軟的毛巾加溫水清潔貓屁股，也可以用嬰兒溼紙巾或寵物清潔溼紙巾清潔。

有時，貓會突然從一個地方跳起來，然後「撲通」一聲用屁股著地，像是在地上摩擦屁股。這個時候鏟屎官除了站在一旁欣賞這種奇怪的動作之外，還要意識到一種可能性，那就是貓的屁股出了問題，在地上摩擦和滑行，其實是因為牠感覺身體不舒服。

貓屁股的一個常見問題是肛門腺體腫脹。正常的糞便通過直腸時，會對腺體施加足夠的壓力來釋放氣味，但如果便便太硬或太軟，就不會促使肛門腺釋放，隨著時間的推移，腺體就會變得腫脹和不舒服。鏟屎官可能看不到已經腫脹的腺體，因為腺體是向內膨脹的。但是，**貓快速在地上磨屁股，或者貓開始非常頻繁的做出一些奇怪的瑜伽姿勢去舔肛門以及周圍，這都是貓肛門腺受到影響的跡象**。這個時候就有必要帶貓去檢查一下，如果是肛門腺的問題，那麼獸醫可以手動清空積在裡面的液體。

總體來說，肛門腺不會釀成什麼大問題，但如果貓不僅摩擦屁股，你還在牠的肛門或者糞便裡，看到一些小小的蠕動的東西，那就需要立刻帶牠去診所。這些小傢伙很有可能是蠕蟲，如果牠們開始在貓的肛門區域探頭探腦，那問題就很嚴重了。

經過以上的鋪陳和預熱，話題即將轉向關於貓屎的內容。就像人類一樣，貓的便便也可以反映牠們體內發生的重要事情。例如，腹瀉可能意味著貓腸道不適和炎症。硬邦邦的糞便則可能表示貓咪患上了腎臟疾病。

想要從貓屎中得到真正有用的資訊，還需要全方位的評估貓排便的過程。首先，貓的排便規律雖然各不相同，但**大多數貓每天都會排便一次。隨著貓年齡增長，牠們排便**

的頻率可能會降低。但是如果你的貓在正常進食的情況下，有三天以上沒有排便，那就需要留意了。當貓便祕時，牠們會很頻繁的去貓砂盆，每一次都會在裡面蹲很久（然而依舊拉不出來）。另外，相反的，如果貓每天排便超過三次，你也需要特別留意。

其次，貓屎的顏色也會給出一定的資訊，但這需要結合貓吃的食物判斷。**在正常情況下，貓的糞便是深棕色**。如果餵食的是生肉等帶血的食物，貓的糞便顏色會比較深，但表面會比較有光澤，看起來像柏油一樣。如果貓的糞便顏色變成了淺棕色，那就可能是貓肝臟或胰腺出問題的跡象，不過，高纖維的飲食也會導致便便的顏色變化。如果糞便的表面混有黏液，那可能是貓患上了結腸炎。

記住，家貓的祖先是生活在沙漠中的動物。因此，牠們的結腸能有效的吸收糞便中的水分，又軟又溼的糞便一般都不是好的跡象。不過總結來說，如果你偶爾察覺到貓的便便出現了異常，但沒有其他臨床症狀，請不要驚慌，通常可以延長觀察時限，除非貓一直昏昏欲睡，排便也不再正常，才需要去一趟醫院。

⑬ 我家的貓在鬼叫啥？

在人類彼此間的交往互動中，基於聲音的語言交流，是一種非常重要的資訊交換工具，任何其他的肢體行為都比不過語言的力量。與人類相比，貓的社會關係比較弱，加上其他的感官又非常靈敏，因此在貓與貓之間，尤其是在成年貓之間的互動中，貓用聲音語言來交換訊息的機會並不多。除了有時候有必要的跟鏟屎官進行聲音交流，很多時候貓僅僅在發情、進行性行為和打鬥時，才會頻繁發出聲音。

在第二十四屆瑞典語音學會議上，隆德大學語言和文學中心的蘇珊娜・施茨（Susanne Schötz）根據貓的口型動作，把貓的發聲分成三類：①閉著嘴發出的聲音，包括呼嚕聲、顫音和唧唧聲；②嘴張開並逐漸閉合時發出的聲音，包括各種帶有相似母音模式的喵喵聲；③張大嘴巴在同一位置發出的聲音，通常出現在貓具有攻擊性的情況下，包括咆哮聲、嘶嘶聲、唾沫聲和尖叫聲。

合作捕食者發聲聯盟（Cooperative Predator Vocalization Consortium，一個研究社會性食肉動物的交流、合作和認知進化的小組）的成員潔西卡・歐文斯（Jessica Owens）在二〇一七年和蒙大拿州立大學（Montana State University）、洪堡理工州立大學

（Humboldt State University）、內華達大學（University of Nevada, Las Vegas）、劍橋大學（University of Cambridge）的學者一同發表了一篇學術論文。他們**根據結構聲學的理論把貓的發聲分成了三類：音調聲音、脈衝聲音和寬頻帶聲音**。

音調聲音又進一步分為和聲結構音和規則聲調音。脈衝發聲分為脈衝爆發和混合脈衝爆發。寬頻帶聲音分為四種：非調性寬頻帶聲音、帶調性開頭的寬頻帶聲音、帶短調性成分的寬頻帶聲音，和帶長調性結尾的寬頻帶聲音。這樣的分類看起來非常學術化，但透過這樣的劃分，他們能把貓的聲音視覺化的呈現出來，真正實現了對貓的聲音進行量化分析的目的。

不過對鏟屎官來說，自然不會用科學儀器去測量貓的叫聲，然後再去解讀其中包含的訊息。但是，結合貓的狀態，理解貓的不同聲音代表的大概意思，是每一位合格鏟屎官必修的科目。

在貓發出的眾多聲音中，呼嚕聲應該是人類最喜歡的聲音。呼嚕聲是大多數貓科動物喉嚨裡發出的一種連續、柔和、振動的聲音。貓出生後第二天就能發出這種聲音。貓發出呼嚕聲時，通常被認為處於一種積極的情緒狀態，但當貓生病、緊張、經歷創傷或痛苦的時刻（比如分娩）時，牠們有時也會發出呼嚕聲。

相較呼嚕聲所傳達的意思，貓發出呼嚕聲的機制更是一個謎。在一定程度上，這是因為人類在貓的解剖學上，找不到一個獨特的器官會直接導致這種發聲。有一種假說得到了肌電圖（electromyography）研究的支持，那就是貓發出呼嚕聲是因為牠們利用了聲帶，或喉部的肌肉快速的交替擴張和收縮聲門，從而在吸氣和呼氣時引起空氣振動。

喵喵叫是貓最具代表性的聲音，也是人類認為一隻貓最應該發出的聲音。喵喵叫可以代表貓正處於自信的、哀怨的、友好的、大膽的、歡迎的、吸引注意力的、有所求的狀態（請掃描左頁圖1-23 QR Code）。所以想要了解喵喵叫背後的含義，只能結合貓當時的其他肢體語言來理解，不過有的時候貓可能就只是單純的跟你聊點閒話而已，並沒有什麼特別的意思。

每隻貓對主人有一套獨特喵語

不過，貓與貓之間的喵喵叫往往僅限於幼小的時候，比如小貓想要引起貓媽媽的注意。小貓到了四至五個月大，就會完全停止喵喵叫，成年貓之間也很少會互相喵喵叫。但貓被人類飼養之後，開始重新發出這種喵喵的叫聲，根據目前的研究結論，原因是貓為了讓鏟屎官更加理解牠們。一項對韓國貓的研究發現，家貓比野貓發出的喵喵聲更短、音調更高，這表示社會化很重要。非洲野貓的喵喵聲也較低，而且「聽起來不那麼悅耳」。

每隻貓喵喵叫的含義都是不同的，牠們會根據自己的鏟屎官，開發出一套獨特的

「喵」語。在一項研究中，研究人員錄下了十二隻不同的貓每天的叫聲，然後將這些錄音放給鏟屎官們聽。結果顯示，只有貓真正的主人才能聽懂自己的貓的叫聲，有的叫聲代表著「我無聊了陪我玩」，有的則是「我要吃東西」，而其他的貓對這些需求的表達在聲音音調、長短上會有顯著的差異。

所以，**貓的每一聲喵喵叫，都是在和鏟屎官的互動過程中習得和創造的**。牠們可能是在嘗試了不同叫聲後，選擇了最能引起鏟屎官特定注意力的叫聲。

貓發出唧唧叫的聲音不會很響，鏟屎官也很少有機會聽到。

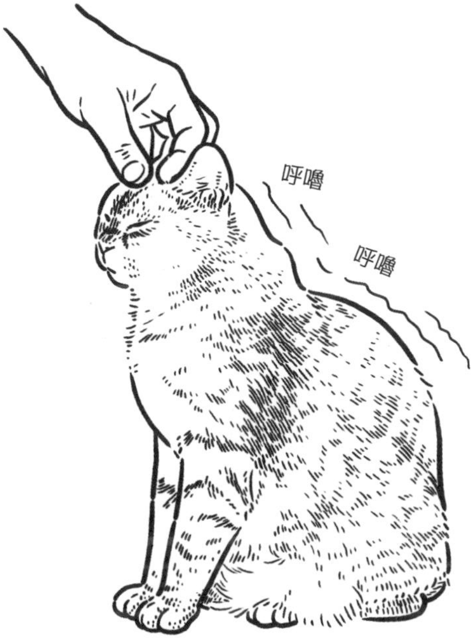

▲圖 1-23　8 種不同的貓叫聲。

這種聲音通常是母貓在窩裡叫小貓的時候發出的。小貓能識別出自己媽媽的唧唧聲，對其他母貓的唧唧聲不會有反應。當一隻友好的貓走近另一隻貓或人類時，偶爾也會發出這種聲音。因此，鏟屎官可以模仿這種聲音來安撫和問候自己的貓。貓在觀察或跟蹤獵物時，有時會發出興奮的聲音。這些聲音沒有非常固定的音調，可以從輕輕的喀嗒（click）聲到響亮且持續的唧唧聲，偶爾還夾雜著喵喵聲。

咆哮聲、嘶嘶聲、唾沫聲和尖叫聲，都是與攻擊性或防禦性有關的聲音。貓發出這些聲音的同時，通常會伴隨著一些姿勢，旨在對其感知到威脅的對象產生威懾作用。這種交流的對象可能是另一隻貓，也可能是其他物種。比如，貓會對著走近的狗發出嘶嘶聲和唾沫聲，是一種眾所周知的反應。貓在受驚、害怕、生氣或痛苦時會發出嘶嘶聲。嘶嘶聲和咆哮聲可以嚇跑闖入牠們領地的入侵者，如果警告並不能消除威脅，那麼貓就要開始真正的攻擊了。

除此之外，在貓發出的眾多聲音中，還有一類是人類最不喜歡聽到的，那就是發情時的叫聲。公貓會發出粗聲的低號，母貓有時會發出響亮的號叫聲，有時也會發出如嬰兒哭泣般的嗚咽聲。若是得不到慰藉，很多母貓在白天和晚上就會一直叫，儼然成為自然界的雜訊之王。

第二章

喵食喵事

01 舌尖上的貓糧禁忌

雖然人們普遍認為貓天生就喜歡吃魚，但魚其實算不上貓最喜歡的食物。不同國家、不同地區的人，有各自不同的飲食習慣，這種習慣也影響著他們給貓投餵的食物。在日本，海鮮在人類的飲食中占有重要的地位，這種味覺偏好被轉移到日本貓身上，日本貓經常吃蛤蜊味或魷魚味的食物。

在歐洲國家，貓和人類的菜單上寫著兔肉和鴨肉，但無論哪種肉，那裡的貓都不喜歡吃辣的口味。但是在墨西哥和印度，人類的食物都是辣的，由於貓經常吃剩菜剩飯，也就變得會吃辣了。

美國是漢堡的故鄉，美國的飲食文化是一種以牛肉為基礎飲食的文化，甚至在美國的農村，當地的酸牛奶[1]也出現在農場貓的菜單上。因此，羊肉在美國貓糧中並不是一種常見的成分。

相比之下，在英國，由於養羊是當地經濟的重要組成部分，羊肉味的寵物食品十分常見。在澳洲，一些寵物食品的肉源中，包含了當地特有的袋鼠肉。義大利人則把義大利麵食作為貓飲食的一部分。

所以，貓的口味偏好，很大程度上取決於當地的人類習慣吃什麼。生活在港口的貓喜歡吃魚，而生活在農村的貓則更喜歡吃肉。突尼斯的貓吃煎蛋捲，土耳其的貓會吃燻香腸和炒蛋，馬來西亞的貓吃麵條和蛋炒飯，肯亞的貓則習慣吃肉粥。同樣的道理，如果有人拿老乾媽口味的貓糧，作為實驗食物投餵給實驗室的小貓，牠們也會對這種奇怪的組合產生興趣。

家貓經常會品嘗主人的一些食品，雖然絕大多數的人類食品並不適合貓，但吃少量並不會對貓造成傷害，在一定程度上還能解決貓的便祕或肥胖問題。

從科學的角度來說，貓是專性食肉動物。也就是說貓的牙齒和腸道已經進化成只吃肉類的食物。

在野外，貓吃素通常只有兩種情況：第一種是獵物的肚子裡帶著植物，然後被貓一股腦的吃了下去；第二種則是出於藥用目的而咀嚼一些草。植物中的有害物質，通常在獵物的肝臟中被分解，因此貓自己沒有進化出功能強大的肝臟。這也就是為什麼，貓經常會出現食用了一些其他寵物可以吃的食物，而牠卻中毒的現象。

1 Yogurt，又稱乳酪、發酵乳、優酪乳、優格，是一種優質的發酵奶製品。

你的美食，貓的毒藥

那麼人類的哪些食物對貓有害？哪些食物是貓碰都不能碰的，哪些食物是只要不過量餵食就沒什麼大問題？

在網路上可以查到許多對寵物有害的食品清單，其中不少都把狗和貓混為一談，但是貓並不像狗一樣是食腐動物。還有一些食品清單中的資料來自牛和實驗鼠的測試，但這兩種動物的消化系統與貓截然不同。

絕對不能碰的食物

- **酪梨（牛油果）：**貓可能會被酪梨油膩的口感所吸引，但酪梨的葉、果實、種子和樹皮中，含有一種叫做酪梨素（persin）的毒素。它會引起貓腸胃不適、嘔吐、腹瀉、呼吸窘迫、充血、心臟組織周圍積液，嚴重的甚至引起貓死亡。
- **可可鹼：**巧克力中含有可可鹼，這是一種對貓有毒的物質。可可鹼是一種心臟興奮劑（使心跳加快和不規律跳動）和利尿劑（使動物尿得更多）。一旦進入血液，就會引起貓的過度活躍和口渴，數小時後可能引起貓嘔吐和腹瀉。在嚴重情況下，貓在吃了巧克力的二十四小時內，會導致致命的心臟病發作。其中，黑巧克力和可可粉是最危險的，因為它們含有更多的可可鹼，普通純巧克力的危險程度排在第二，牛奶巧克力、巧克力蛋糕和巧克力糖的危險程度相對較低，但對貓來說仍然很不安全。

- **洋蔥：**洋蔥中含有二硫化物，會傷害貓紅血球內的血紅素，使血紅素過氧化，失去攜氧能力，並發生不正常的沉澱、凝集，在紅血球內形成斑點或小球狀，稱為**海因斯體**（Heinz body）。注意，**所有形式的洋蔥都是有毒的，無論是生的、乾的，還是煮熟的**。

海因斯體貧血症是一種溶血性貧血，即紅血球在體內循環時破裂。食用洋蔥幾天後，貓才會出現症狀，第一個症狀通常是腸胃炎，伴有嘔吐和腹瀉，食慾不振和嗜睡，那是因為攜帶氧氣的紅血球開始受損。**大蒜中也含有類似的物質**，但含量較低。在一些大陸國家和地區文化中，會強調吃大蒜對人類身體有好處，所以也會給貓吃一些。但由於貓的肝功能與人類非常不同，對人類有益的食物，對貓來說可能致命。

- **果仁：**李子、桃子、油桃、杏和相關水果的果仁都含有氰苷（又叫含氰糖苷、生氰苷），會導致貓氫氰酸中毒。氰苷會干擾血液向組織釋放氧氣的能力，即使血液中有氧氣，也會導致窒息。由於貓肝功能較差和體重較輕，果仁對貓來說是一種危險的食物。

- **生馬鈴薯和生番茄：**番茄和馬鈴薯都是茄科植物中的成員，與顛茄有親緣關係。

它們含有一種苦味的有毒生物鹼，稱為「茄鹼」[2]，可引起劇烈的胃腸道症狀。一般來說，貓是不會被番茄吸引的，但有報導稱，一個小番茄就能引起貓幾乎致命的反應。綠色的番茄及其葉子和莖都是有毒的。這種毒素同時也存在於生的馬鈴薯和馬鈴薯皮中。

好在**這種毒素透過烹飪就會被破壞**，所以沙丁魚罐頭和其他魚類罐頭中的番茄汁可以給貓食用。煮熟的馬鈴薯泥可以安全的混入貓的食品中，作為超重貓增加飽腹感又不使其增重的食物成分。

只是不能多吃而已的食物

- **酒精**：與人類相比，**貓肝臟的分解能力較差**。貓吃一點帶酒精的食物就會酒醉，雖然偶爾的一次小醉並不會造成長期的不良影響，但大量或多次飲酒一定會導致貓肝損傷，以及酒精中毒和胃腸道刺激。其中酒精中毒會導致貓呼吸困難、昏迷甚至死亡。
- **動物肝臟**：大量食用動物肝臟會導致貓維生素A中毒。這會影響貓肌肉和骨骼，並可能導致其骨骼異常生長，尤其是在脊柱和頸部區域。
- **牛奶**：牛奶對大多數貓都有副作用。牛奶對人類和牛來說確實是不錯的食物，但**給貓喝牛奶就是一個悠久但錯誤的傳統**。許多貓確實喜歡喝牛奶，但牛奶中含有成年貓無法消化的乳糖，會導致貓胃部不適、腹瀉和腸道不適。牛奶中的脂肪含量越高，乳糖含量就越低，所以少量的牛奶對一些貓來說可能是安全的。如今，羊奶經常作為牛奶的替代品，來解決貓乳糖不耐受的問題，但事實上在飲食和水均衡的情況下，貓真的不需要喝牛奶。

- **生雞蛋：**生雞蛋中含有一種叫做親和素的酶，過多的生雞蛋蛋白會導致貓缺乏B族維生素，引起皮膚和毛髮問題。但是這些資料來自實驗室的老鼠，除非你每頓都給貓吃生雞蛋，否則不太可能對貓造成危險。實際上，野貓的飲食中會包括雞蛋，所以只要不吃過量，偶爾吃一個生雞蛋對貓不會有什麼害處。
- **生魚：**餵食過多的生魚會導致貓缺乏維生素B_1，這是由魚中的硫胺素酶（又叫維生素B酶）引起的。缺乏維生素B_1的貓會食慾不振，在嚴重情況下也會死亡。偶爾吃生魚通常是無害的，只有過量食用才會出問題。

不過，把魚煮熟是個不錯的選擇，因為高溫會破壞這種酶的活性。貓過度食用油性魚類，比如金槍魚，會導致黃脂病（Yellow fat disease）。這種痛苦的炎症是由於飲食中含有大量不飽和脂肪酸和缺乏維生素E。金槍魚中含有很少的維生素

2 Solanine，又稱龍葵鹼、龍葵素、茄苷，是茄科物種中被發現的一種糖苷生物鹼毒素。

E，過多的不飽和脂肪酸會進一步耗盡動物體內的維生素E。患有黃脂病的貓被觸摸時會感到劇烈的疼痛，不願移動。貓也會失去食慾，並開始發燒，如果不治療，很可能就會死亡。

另一點值得注意的是，魚類會富集[3]環境中的汙染物，如多氯聯苯（Polychlorinated biphenyls）或汞。這些物質無法透過烹飪去除，若貓同時吃掉魚的內臟，這些物質就會轉移到貓的體內。比如，日本沿海地區的貓會出現汞中毒，而魚類是這些貓的主要食物。

不確定的食物

- **葡萄**：葡萄和葡萄乾對貓的毒性尚不清楚，但已知它們對狗有毒。美國防止虐待動物協會（The American Society for the Prevention of Cruelty to Animals）旗下的動物中毒控制中心建議，**不要給貓或狗餵食任何數量的葡萄或葡萄乾**。
- **堅果**：貓會被堅果的油膩質地所吸引，但很多堅果對狗來說是有毒的，尤其是夏威夷果。食用六至四十粒夏威夷果的狗，會出現暫時性的肌肉震顫和後肢麻痹。這些狗會表現得很痛苦，甚至無法站立起來。貓的肝臟功能更弱，因此更不建議讓貓食用堅果。

▼表 2-1　貓食禁忌一覽表。

不能碰的食物	只是不能多吃而已的食物	不確定的食物
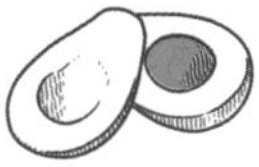 酪梨	 酒精	 葡萄
 可可鹼	 動物肝臟	 堅果
 洋蔥	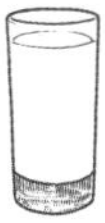 牛奶	
 果仁	 生雞蛋	
 生馬鈴薯和生番茄	 生魚	

3 Enrichment，自然界中，某種物質由於本身趨向集中，或其他物質被移走而逐漸形成相對高的含量。

乾飼料、貓罐頭、鮮食、生食，哪個好？

比起人類的食物，如今的鏟屎官大都給貓餵貓糧和貓罐頭。貓糧的廣告及其包裝上常常有著誘人的雞肉、多汁的牛排和新鮮的魚。但拆開貓糧袋，打開貓罐頭，裡面的食物卻絲毫讓人看不出其原材料究竟是什麼。

在很多時候，貓糧和貓罐頭的原材料是動物中人類不想吃的部分。請不要覺得噁心，那些被人類所拋棄的動物組織中並不缺乏營養成分。在野外，貓捕食時也會吃掉獵物的皮膚和胃裡的東西，這沒有什麼可噁心的。要知道，寵物食品製造商在製作富含營養的貓糧方面有多年的經驗，在理論上，**最理想的貓糧應該接近於生老鼠的營養含量**。其實，人類在不知情的情況下吃下的香腸、肉餅，以及其他經過「重新組合」的肉製品中，也包含了這些部分。

這裡舉一個極端的例子，在一些地方，被粉碎的貓和狗的屍體，可能也會成為寵物食品。加拿大魁北克的 Sanimal 公司主要加工豬肉和雞肉，但每週也要加工超過一萬八千公斤的貓肉和狗肉，而由此生產的蛋白粉會賣給動物飼料行業。儘管 Sanimal 公司聲稱這些食物是健康的，但人們對這類寵物食品感到噁心。然而，從動物收容所或被撞死的動物身上提取營養物質，其實是一種高效且環保的處理方法。在英國口蹄疫流行期間，牛羊的屍體由於不能被回收利用，必須被集體焚燒和掩埋。而焚燒動物屍體會排放刺鼻的煙霧到空氣中，燒焦的殘渣會從柴堆裡飄出來，屍水則會從土坑裡溢出來。

事實上，作為人類食品的動物中，約有五〇%的成分，並不是真的為人類的飲食服務的。這些副產品包括骨頭、血液、腸道、內臟器官、韌帶、蹄、外殼和羽毛，但這些部分可以用於動物飼料。它們並不一定是不健康或不可食用的，只是不合現代人的口味。寵物食品市場不僅有利於寵物主人（提供了方便、現成的均衡飲食），還有利於人類食品工業和動物養殖者（為副產品提供了一個市場）。

關於貓糧，有兩件重要的事需要在此強調一番。首先，人類對哪些動物和動物的哪些部分可以吃，甚至是否應該吃動物都有禁忌，但貓沒有這樣的禁忌，把人類的禁忌強加給貓可能會導致其營養問題。其次，如果狩獵結果「不盡如貓意」，貓就會選擇食用動物的屍體，即使是一隻貓的屍體。有一個極端但不是不會發生的情況，如果貓和牠們死去的主人一起被困在房子裡，為了生存，牠們會吃掉主人屍體的一部分。

罐頭貓糧、乾貓糧或半溼貓糧中都含有蛋白質、脂肪和纖維，但其中的比例差異較大，所含的水量和所使用的防腐劑的種類，也會有很大的不同。**貓罐頭的內容較為鬆散，有利於貓咪腸道活動**，但其柔軟的質地也意味著，貓的牙齒無法得到應有的鍛鍊，可能導致貓咪牙垢堆積和罹患牙齦疾病。**乾性食物對貓主人來說很方便，但它們體積小，能量密度大，貓咪長期食用會導致便祕**。貓的自然飲食是半溼潤／溼潤的肌肉組織、堅韌的皮膚和結締組織，因此貓主人也需要掌握好乾溼貓糧之間的比例。

乾貓糧製作時，會使用一種叫做膨化機或擠出機的機器，把原料混合後送入膨化機，原料會先被壓熟成糊狀物，再透過管道擠壓成糊狀的小塊，然後像爆米花一樣膨脹、烘烤和乾燥。為了讓貓糧更具有吸引力，很多乾燥後的貓糧會被噴上脂肪和增味劑。寵物食品中使用的大部分脂肪，是從肉漿中分離出來的動物脂肪，但也可能包括不適合人類食用的脂肪。比如在美國，廚餘的油脂是寵物食品中動物脂肪的主要成分。

由於貓是專性食肉動物，難以消化蔬菜、水果或穀物。牠們依賴於獵物中含有的蛋白質和脂肪，而不是素食碳水化合物。如今的研究證明，貓有消化少量碳水化合物的能力，其中白米的消化率很高，而其他穀物必須經過加工，才能達到七五％至八〇％的消化率，但**攝入過多的碳水化合物會使得貓咪蛋白質攝入不足**。不過現在很多的乾貓糧中，都添加了一定比例的碳水化合物，這些穀物或大豆出現在商業貓糧中，並不是為了貓膳食的均衡，唯一的原因是，這些成分比肉類更便宜。

在過去的幾十年裡，食品添加劑在寵物食品中的使用率大大增加了，添加到貓糧中的非營養化學物質，可以改善貓糧的味道、氣味、穩定性、質地和外觀。乳化劑把水和脂肪結合在一起，抗氧化劑阻止脂肪變質。色素和增味劑使貓糧看起來，或嘗起來更有食慾。

雖然貓品嘗甜味的能力有限，但一些貓糧中仍然會加入甜味劑，比如玉米糖漿。玉米糖漿在這裡的作用並不是讓貓糧變甜，而是一種保溼劑和塑化劑（Plasticizer），使食物溼潤和耐嚼。但不幸的是，在甜味劑廣泛使用後，貓患糖尿病的數量也開始變多，兩者是否有相關性還不確定。但可以確定的是，貓糧中的糖分引起了眾多貓的齲齒問題。

雖然商業貓糧的背後有著非常複雜的產業鏈，看起來陰謀重重，但對絕大多數的鏟屎官來說，選擇較大品牌的商業貓糧投餵貓，仍是最好的選擇。畢竟貓糧製造商在營養均衡方面的經驗比普通人更為豐富，商業製品的大規模生產，也盡最大可能保證了貓糧的安全性。

02 胖貓的煩惱

肥胖不僅是目前世界上人類面臨的健康問題之一，也是貓咪的。多項研究顯示，在已開發國家，有一一．五％至六三％的寵物貓超重或肥胖。人們喜歡圓滾滾的貓，並為此大量培育新品種。人類的這種喜好，使得貓逐漸變得更胖。

對貓來說，作為寵物的牠們，在大多數的情況下已經不再需要為填飽肚子而操心。但是就像牠們的主人一樣，物質需求快速滿足的背後，是身體進化的滯後，超重和肥胖成為更需要關心的問題。**肥胖的貓就像肥胖的人一樣，通常不太健康，壽命也較短。心血管疾病、糖尿病（特別是晚發性糖尿病）、脂肪肝、關節炎和膀胱炎等疾病，總是和貓的肥胖密切相關。**

一九七〇年，一隻六週大的流浪貓被英國倫敦帕丁頓（Paddington）車站的清潔員瓊．華森（June Watson）所收養，取名為「小不點」（Tiddles）。

「小不點」一直生活在車站的女廁所中，來來往往的人中不乏喜歡小動物的好心人，時不時幫牠送來雞肝、羊舌、動物腎臟、兔肉或牛排等美食。車站的清潔員還幫牠準備了一個專用的冰箱。

「小不點」越長越大，一九八二年時長到了十三．六公斤，成為「倫敦肥貓冠軍」。但其實在這時，牠的生命已經快要走到盡頭。

一九八三年，獸醫發現牠肺部周圍充滿了積液，最終對牠實行了安樂死。「小不點」是被人類的好心害死的，在當時幫牠拍的照片中可以看到（請掃描圖 2-1 QR Code），這隻貓胖得出奇，看起來很悲傷。在貓的世界中，減肥是不可能的，一輩子都不可能減肥的。**如果一隻貓開始變胖，牠就會覺得運動太累，然後減少運動**，這個時候如果牠的鏟屎官不注意減少飲食中的熱量，牠就會變得更胖。

▲**圖 2-1**　帕丁頓車站貓，一生大部分時間都在倫敦帕丁頓車站的女廁所裡度過，因被過度餵養太胖，肺部周圍充滿積液而被安樂死。

每兩百三十隻貓，就有一隻有糖尿病

英國一項針對貓糖尿病的研究發現，**每兩百三十隻貓中就有一隻患有糖尿病**。在品種貓中，緬甸貓患糖尿病的機率為五十七分之一。對現在的貓來說，糖尿病已經成為比甲狀腺功能亢進更大的健康威脅。貓科動物生活方式的改變，是其肥胖和患糖尿病的主要原因。寵物貓比牠們的前輩鍛鍊更少，卻得到更多的熱量。這在很大程度上是因為越來越多的貓被關在室內，缺乏活躍的玩耍，再加上餵食過量，以及每當貓喵喵叫時，人們往往都會給貓餵食，而不是只在人與貓互動後餵食。

根據發表在《貓科動物醫學與外科雜誌》（*Journal of Feline Medicine and Surgery*）上的報告，由七百六十一隻貓的主人填寫的調查問卷顯示，**絕育後體重超過五公斤的公貓群體，是最易患糖尿病的貓群**。當然，貓壽命的延長也是一個不可忽視的因素，因為年老的貓更容易罹患糖尿病。

貓主人們往往不會發現貓嗜睡、口渴和頻尿這類早期徵兆，只有在貓陷入昏迷時才會注意到問題，而這時通常已經來不及挽救貓的生命了。若是在早期發現貓的糖尿病，就可以透過控制飲食和鍛鍊，以及每天兩次的頸部注射胰島素來控制。

一些環境因素也會影響貓是否長胖，比如如果一個人家裡只養一隻貓，那麼牠就會用進食來排遣內心的無聊。再比如，一隻貓有一個超重的主人，那麼牠也很有可能比較胖，因為那些對飲食缺乏意志力的人，也會很容易屈服於一隻向他乞討的貓。通常不太活躍的人，也不太可能鼓勵他們的貓活躍起來。健康、活躍、有健康意識的主人，更能意識到他們寵物的健康需求。所以寵物的生活方式往往反映了其鏟屎官的生活方式。

如今，貓糧的出現使貓肥胖的機率更加提高。**乾燥的貓糧能量密度很高，只需要餵食少量，就可以提供貓所需要的全部熱量**。不幸的是，這一小把貓糧並不能滿足貓的胃袋。雖然攝入了足夠的熱量，但貓仍然會感到飢餓。這時，貓就會乞求更多的食物，或者去其他地方尋找食物，以填飽肚子。這就像一個人用糖果或巧克力棒來代替均衡的飲食，但即使攝入了足夠的熱量，胃還是會渴望更多的食物。在這個意義上，貓糧的存在就彷彿人類飲食中高熱量的垃圾食品。

現在的貓糧基本都是高度易消化的類型。然而，貓在野外捕獲的獵物卻並非如此，因為獵物的體內常常含有令貓難以消化的部分。比如胃袋中的植物纖維，即所謂的「動物粗糧」。從歷史上看，鏟屎官曾被鼓勵用少量煮熟的蔬菜和肉來餵貓，以模仿其自然的飲食結構，但大多數貓主人已經改掉了這個習慣。現在的貓糧中確實含有蔬菜，但通常經過處理，貓很容易就消化。

想要解決這個問題，不餵貓糧而改餵貓罐頭，或者回歸做貓飯，都是不錯的選擇。問題是乾貓糧對鏟屎官來說太方便了，價格可能也更實惠。在這種情況下，就要防止貓外出，讓牠們沒有機會從別的食物中攝取熱量，並且要狠下心，不能屈服於貓喵喵叫的乞討。

寵物零食的出現和普及，更是增加了貓肥胖的風險。現在越來越多的人喜歡在做其他事情（比如看電視、用電腦）時吃零食，而不是在餐桌上吃正餐。他們把吃零食的習慣擴展到了貓身上。對人類的研究顯示，吃零食會影響人的新陳代謝，導致體重增加。同樣，貓主人往往也低估了以零食形式餵貓所帶來的熱量。

目前，還沒有治療貓肥胖的安全藥物。貓的體重控制依賴於飲食管理，和改變超重貓的生活方式。想要貓減肥，那就既要邁開腿，也要管住嘴。一名合格的鏟屎官需要花費一定的時間和貓互動及遊戲，讓貓養成鍛鍊的習慣。這種互動不是給貓準備一個靜態的玩具，比如一根攀爬柱，因為貓會很快厭倦這些沒有生氣的東西。**和主人互動是貓最喜歡的鍛鍊方式**，一根逗貓棒、一顆乒乓球就能讓貓動起來，並且讓鏟屎官找回一開始養貓所帶來的那種樂趣。

在大多數情況下，除了生活方式的改變，還需要管理貓的飲食。人類的飲食需求很靈活，可以依靠雜食甚至素食茁壯成長，但絕對不能把這種策略運用到貓的身上。**貓是專性食肉動物，依靠肉類獲取營養，從生理學上講貓並不適合素食。沒有肉，貓就會缺少最基本的營養物質**，例如在素食中不存在的牛磺酸。過去，一些「誤入歧途」的人曾試圖給貓餵食素食。結果導致貓營養不良，尤其是**缺乏牛磺酸**，生長受阻，毛髮變得蓬亂。在這樣的飲食下，**貓最終甚至會失明**。

貓天生就只吃少量的蔬菜，比如從獵物的腸胃裡間接獲得植物，那時這些植物組織已經被部分消化。貓偶爾也會為了催吐，或者因為好奇啃一點其他的草或蔬菜，但事實上貓的消化系統無法將其分解。

對植物組織來說，只有其細胞壁被破壞後，貓才能夠消化。然而與食草動物不同，貓的牙齒不是用來咀嚼植物的，而且牠們的肝臟不善於清除許多植物中的毒素（主要是一些生物鹼），因此牠們從草、水果或蔬菜中獲得的營養很少。這就是為什麼以穀物為基礎的貓糧必須經過特殊處理，打破細胞壁，使其易於貓消化。即便如此，有些貓吃了這種貓糧後依舊會出現消化問題，甚至會腹瀉和嘔吐。

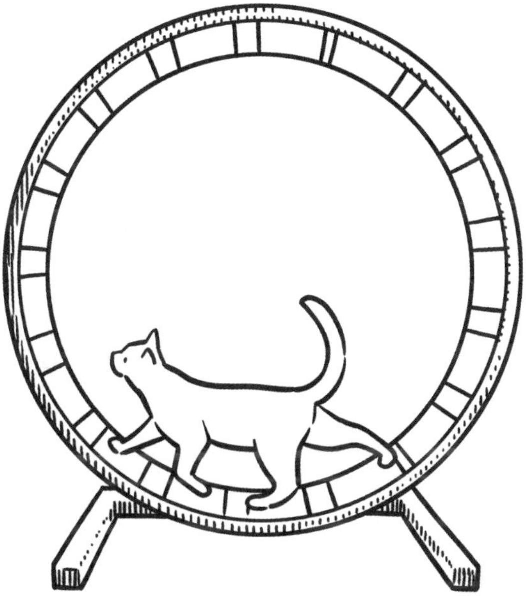

所以，想要一隻胖貓恢復自己的身材，能走的路只有減少每日的總熱量攝入。這不是一個劇烈減少的過程，而是必須適度，使貓慢慢減肥。每次進食的食物量需要逐漸減少，或讓貓進食低熱量食物。如果貓吃罐頭食品，混合一些膨脹劑就可以讓貓的胃感到飽了，牠就不太可能再去乞討或覓食。

膨脹劑可以是煮熟的馬鈴薯泥、麵、南瓜或者米飯。還有一點很重要，貓兩餐之間的零食必須減少。就算貓達到了目標體重，牠的飲食和生活方式仍然需要控制，這樣才能保證牠之後不會再長胖。

03 請問你的肉要幾分熟

每個鏟屎官都知道，合適的營養物質對貓的健康至關重要。但是，當知道了貓糧的真實製作方法和成分後，很多鏟屎官都會萌生這樣的想法：「我怎麼可以給貓吃這種東西？」思量再三後，有些鏟屎官會選擇自己在家給貓準備口糧，這樣他們就能確切的知道貓糧裡有什麼。另外一些鏟屎官則選擇餵貓生食。後一種餵食方法被稱為生物適性生食法（Biologically Appropriate Raw Food diet，簡稱ＢＡＲＦ）。

餵貓生食意味著餵牠們未煮過的動物肌肉、內臟器官。由於貓是專性食肉動物，這代表著牠們必須吃肉，靠高蛋白、高水分的食物生存。事實上，**貓的飲食中即使不包含蔬菜和碳水化合物，對牠們的生長也並不會有什麼影響。**

生食的支持者認為，烹飪肉類會改變或減少食物中一些重要的物質，比如氨基酸、牛磺酸、脂肪酸，以及其他貓必需的維生素和礦物質。他們提倡一種在生物學上更為自然的飲食方式，這種飲食應該與貓在野外吃的食物非常相似。一般來說，小型野貓捕食齧齒動物和其他小型哺乳動物、鳥類、魚類、昆蟲，甚至爬行動物。

貓捕食了獵物後，通常會吃掉整個動物，包括肉、骨頭、大腦、內臟器官和皮毛。

當鏟屎官給自己的貓餵生食時，也應該想方設法創造出與這類似的飲食結構。理想的生食飲食是需要經過精心設計的食譜，絕大多數鏟屎官選擇自己準備這些生食，但也有商業販售的成品生食。

關於餵貓吃生食有很多爭議。那些支持生食的人覺得，生食對貓的健康益處多多：貓的毛色會變得更光亮，牙齒更乾淨，還能避免貓出現肥胖問題。由於貓被馴化的時間不長，人類對貓的改變並不大，沒有破壞牠們的基本形態，也沒有改變牠們的野生能力。直到最近，人類才嘗試給貓餵食加工過的、富含碳水化合物的食物。從此，隨著貓不再從自然界獲取營養，牠們患病和肥胖的比例才開始急遽增加。

雖然這些說法聽起來似乎是正確的，反對生食的人對生食的安全性卻有著擔憂。反對者認為，生食中可能含有沙門氏菌和大腸桿菌等病原體，會導致嚴重危及生命的感染。烹飪食物可以去除大部分的病原體，這就是為什麼人類放棄茹毛飲血的生食，選擇了經過烹飪的熟食。不過，遵循安全的處理方法可以將風險降到最低。貓對沙門氏菌等細菌有很強的抵抗力，這對進化到只吃生肉的動物來說是有道理的。

如何讓貓咪接受生食？

貓的胃酸的酸性比人類的強得多，消化道也非常短。食物通常在十二小時內通過整

個消化系統，這並沒有給細菌太多的時間來繁殖，而使貓生病。相比之下，人類吃進肚子的食物需要二十四小時才能通過所有消化系統，這就是為什麼人類更容易受到病原菌的感染。但反過來說，這也就意味著給貓餵食生肉，會讓鏟屎官和家裡其他人暴露在危險的病原體中。病原體可能殘留在為貓準備食物的器具表面、食物盆、貓的糞便，甚至在貓身上（尤其是臉部周圍）。因此，反對者建議，**如果鏟屎官或其家庭成員有免疫缺陷，或者有小孩和老人時，應該避免讓貓食用生食。**

對於生食，很多鏟屎官都會犯一個錯誤，就是**沒有確保飲食結構的完整和平衡**。鏟屎官們下意識的認為貓只要吃肉就可以，或者說鍾情於給貓吃各式各樣動物的肉，而沒有真正注意其中的熱量、脂肪、蛋白質等營養成分構成。不要以為貓只要吃肉就能獲得保持健康所需要的一切。一些鏟屎官認為自己餵的生肉中，可能會缺乏某些營養物質，因此會額外給貓補充這些營養物質。

但這僅做了一半的功課，生食中也有可能會有某些營養成分過剩。這和人類得病如出一轍，因為某種物質缺乏而患上的疾病很容易醫治，然而，因為某種物質過剩而罹患的疾病往往很難藥到病除。隨著時間的推移，長期食用一些營養成分過剩的生食，會給貓帶來嚴重的健康問題。

想要讓一隻貓從商業貓糧轉投到生食的懷抱，其實並不是一件容易的事情，尤其是在這隻貓已經成年的狀態下。要做這樣的改變，鏟屎官需要特別有耐心。鏟屎官可以

先讓貓嘗試一些切好的生雞肉、鵪鶉肉、鴨肉或者兔肉。有些貓會馬上去吃，這可能是因為這些食物是最接近牠們自然吃的東西。**如果貓不會馬上吃生肉，那就需要動動腦筋了。比如，把生肉弄成溫的**，像是野貓捕食的老鼠仍有體溫。將生肉放入密封袋中，放進溫水中浸泡加溫，然後在餵貓罐頭時把生肉放在一邊。貓可能依舊不會吃，但沒關係，這樣做的目的是讓牠們習慣這種味道，並開始將這種味道與食物聯繫起來。

下一步就要把生肉和貓罐頭混合，一開始生肉的分量要很少，這樣貓才能勉強容忍生肉的存在。隨著貓逐漸適應，可以慢慢增加生肉的分量，直到完全替換掉貓罐頭。一旦貓接受了生肉，貓主人就可以逐漸在生肉中加入體積較大的肉塊，為的是讓貓的牙齒健康並鍛鍊下巴肌肉。只吃罐頭食品的貓沒有接受過類似的訓練，所以這個過程也要循序漸進。

生骨頭是一種可以被貓消化的物質，並為貓提供鈣、礦物質和酶。但是加入骨頭也會引起一些安全問題，細小的整塊骨頭或碎片，可能會造成貓的胃腸道阻塞、口腔損傷和氣道阻塞等。如果生食中真的要加動物的骨頭，那也應該是被徹底碾碎的。

應該餵貓商品貓糧還是生食的爭論還在持續，看起來一時半會兒也不會有定論。不過至少可以肯定的是，無論是配方合理的貓糧還是生食，都是貓願意吃進肚子裡的東西，並且對健康也不會有很明顯的壞處。或許這就像在中國，無論是北方人吃麵食還是南方人吃米飯，只要飲食健康，就都有機會長命百歲。

04 亂吃是種病，誤食塑膠恐沒命

一隻貓除了在吃飯時間乖乖吃飯以外，還會自己去吃一些奇怪的東西。有的貓喜歡啃電線的塑膠外殼、有的喜歡吃一些植物，還有的喜歡啃紙巾，或者在毯子上留下一攤口水，甚至扒牆上的灰然後吃進肚子。這是寵物的異食癖，很多貓都或多或少有這樣的表現。

像許多強迫行為或異常行為一樣，貓堅持這樣做是因為，這種行為會讓牠們感到舒服，或者會帶來「回報」。這裡說的回報指的可能是，吃的東西的味道確實合乎貓的口味，或者是在飢餓時得到飽腹感，也可能只是為了得到鏟屎官的注意。

鏟屎官要想減少貓的這些行為，最根本的方法是讓這些行為變得不會產生回報，並重新定位對貓有回報的正常行為。有時，異食癖也是一種轉移活動，貓的正常行為受到了阻礙，因此牠們用異常活動代替正常行為。

在貓的異食癖中，舔食毛織品是最常見的一種，尤其在某些品種貓的身上非常普遍。比如暹羅貓或者有暹羅貓血統的品種貓。在英國一項對一百五十二隻舔食織物的貓的研究中發現，五五％是暹羅貓，二八％是緬甸貓，六％是其他東方貓，一一％是其他品種或隨機繁殖的貓。這些異食癖貓的主人中，有一半以上都表示，除了參與實驗的貓之外，牠們的兄弟姐妹也有類似的行為。

這些貓中，九三%的貓喜歡舔食羊毛，六四%的貓還吃棉花，五四%的貓吃合成纖維。這種習慣如此根深柢固，以致鏟屎官別無選擇，只能提供一件舊衣服供貓咀嚼。還有一種可能是，貓把毛織品當成了捕獵目標。貓用爪子按住（通常是毛料的）毯子或衣服，用牙齒去撕扯它。這與貓從更大的獵物（如鴿子）身上撕下皮毛、羽毛或肉時的行為相同。

但是，造成這一現象的具體原因目前還不得而知，**絕大多數貓在長到兩歲之後，就會逐漸停止這種行為**。除了遺傳傾向之外，還有一種理論認為，如果幼貓在六週之前就被人從貓媽媽身邊抱走的話，毛織品對牠們就會格外具有吸引力，因為當時牠們還沒有完全斷奶，牠們把毛織品當作對自己過於短暫的吃奶階段的補償。

除了行為學上的理論以外，還有一些研究認為膽囊收縮素（Cholecystokinin）代謝異常，也是一些貓異食的原因。此外，甲狀腺功能亢進會引起食慾增加，並可能導致貓異食。曾有報導，一隻甲狀腺功能亢進的流浪貓會吃泥土，而當藥物開始起功效後，這一現象就停止了。此外，異食癖可能還與貓白血病病毒，和貓免疫缺損病毒有關，免疫系統的紊亂會造成貓的異食行為。

有些貓會吃自己的糞便，這有時是母性本能的一種遺留，因為**哺乳期的貓媽媽會**

吃自己小貓的糞便，直到小貓能夠完全控制自己的腸道。食肉動物，包括貓和狗，有時也會吃其他動物的糞便，通常是獵物的糞便，因為這樣做可以從獵物未完全消化的食物中，獲得額外的營養。貓在自然界中會吃少量的草，但牠們若大量的啃食植物，則往往是飲食不足或疾病的徵兆。

貓有異食癖，怎麼辦？

在異食的目標物中，塑膠是最麻煩的，塑膠袋和照片是最常見的異食物品。如今還不清楚，為什麼貓會覺得啃食塑膠袋，是一件那麼有意思的事情，可能貓的舌頭喜歡塑膠袋的質感，或者貓喜歡塑膠袋發出的聲音，更可能的原因是牠們喜歡這種味道。合成購物袋的成分中可能包含動物脂肪、魚油、凝膠或凡士林，貓會被這些物質殘餘的氣味所吸引。如果這個袋子是用來裝食物的，貓也可能會被塑膠袋上殘留的食物氣味吸引。

橡膠對一些貓也很有吸引力，許多有異食癖的貓都很喜歡橡皮筋，或橡膠製成的嬰兒玩具，甚至有的貓還喜歡啃食保險套。一般情況下，這不會造成太大的危險，但有些貓會因為吞進了部分塑膠，而需要做手術從胃或腸道中取出。但塑膠無法在X光片上顯影，因此手術往往比較困難。

大多數鏟屎官會注意到貓的異食癖，是因為牠們弄壞了家裡的物品。其實這種行為也會危害貓的健康，一些被吃下去的東西可能有毒性；吞下一段繩子、橡皮筋或金屬絲，也有可能卡在腸子裡，造成腸道損傷；咀嚼電線會有觸電的風險；吃膨潤土貓砂會造成腸道堵塞。如果鏟屎官知道自己的貓患有異食癖，一定要保持警覺，並監測貓腸道是否有阻塞的跡象。這些症狀包括嘔吐、腹瀉、便祕和全身乏力。

要解決貓的異食癖需要從多個方面下手。首先，鏟屎官要保證貓的生活不無聊。**無聊的貓，特別是飼養在室內的貓，比室外的貓更容易患異食癖。**尋求注意力的貓可能會把異食癖作為一種手段，讓鏟屎官與牠們互動。十五至二十分鐘的互動或遊戲，可以大大減弱貓的無聊感，鏟屎官不在時，可以為貓提供一個貓爬架和一些玩具，以防止貓無聊。

其次，要確認貓是不是患了甲狀腺功能亢進，一旦甲狀腺激素水平不足，貓的食慾就會下降。如果貓是因為飢餓而去吃奇怪的東西，那貓主人可以試著在食物中添加高纖維的物質（比如熟南瓜等，對貓雖然沒有什麼營養價值，但貓愛吃的食物），這可以讓牠們在不攝入更多熱量的情況下吃得更多。利用定時餵食器頻繁的分配少量食物，也可以控制住貓異食的衝動。

05 喵喵的羞羞事

愛情對人類來說意味著親密和柔情，所以一些鏟屎官往往也會用這樣的心情，去推測貓之間的愛情關係。然而，當他們真正目睹了貓的交配過程後，這種幻想當然就會破滅。可以這麼說，所有跟貓有關的愛都是吵鬧的，尤其是在涉及公貓的行為時，場面往往非常粗野。

貓在四至十二個月齡間，會出現首次發情。首次發情時間會受許多因素的影響，包括品種（短毛品種比長毛品種初情期早）、季節（季節影響光照長短）和體況等。波斯貓及其雜交品種，有些要到十二至十八個月才出現第一次發情，二至三歲達到性成熟。短毛品種，如暹羅貓、緬甸貓則比較早熟。

貓屬於季節性多次發情的動物，大都集中在春天到秋天這段時間。在春天和夏天溫暖明亮的幾個月裡，可以看到懷孕的貓數量激增，這並非偶然。貓發情是因為一種叫做褪黑素的激素減少，這種激素每晚由貓大腦中的腺體分泌。隨著更長的白天和更短的夜晚到來，褪黑素的分泌量減少。這會影響到下視丘，或貓大腦中管理發情的區域。下視丘會釋放一種生殖激素，這種激素會進入腦下垂體，腦下垂體又會釋放另外兩種生殖激素，透過血液進入卵巢，這時候卵子就整裝待發，在卵巢裡等待受精。

人類家庭飼養的貓由於在晚上也會有燈照，所以在非繁殖季節的秋冬季也有可能會發情。家裡養在一起的母貓可能會出現同步的發情週期。長毛貓似乎比短毛貓對光照更敏感，但許多長毛貓即使在長日照期間，也不會出現規律的發情週期，相比之下，許多短毛貓不管光照長短，都能整年發情。

母貓發情會有什麼徵兆？

母貓發情週期最易理解的分期方法是，將其分為發情期（發情前期和發情期）和非發情期（間情期、乏情期、假孕期和妊娠期）。

貓的發情前期很難鑒定，因為這個階段僅持續一至三天，特徵表現也不明顯。在發情前期，許多母貓開始在物體上摩擦頭頸，表現出愛慕行為，陰戶內偶爾有黏液流出，並頻頻排尿。在這期間，母貓對公貓會很有吸引力，但不接受交配。這個時候的母貓可能會開始發出聲音，並抬起後腿。

當正式進入發情期時，母貓開始接受性行為，這個階段可持續二至十九天，平均為七天。與公貓的交配行為可以縮短發情時間。發情母貓的日常舉動會有特別的變化，身體的前端會平伏在地上，而屁股會翹在半空中，後腿會像踩自行車一般踩踏，也會喜歡在地上滾來滾去。母貓會頻頻發出號叫聲，吸引公貓，並表現出不安、食慾減退，顯得與鏟屎官特別親近、溫順。

一些母貓的發情期偶爾會延長（持續七天以上），這種情況可能是卵泡交疊成熟、導致雌二醇（Estradiol）濃度居高不下所致，這種持續發情的情況，在暹羅貓及其雜交品種中較為多見。

發情期是母貓辨終身大事的重要時刻，如果鏟屎官希望貓咪懷孕，就應讓母貓與有生育力的公貓交配並誘發排卵。如果不希望貓懷孕，則可用去勢公貓或人工刺激陰道誘發排卵，造成假孕。若是鏟屎官和公貓什麼都不做，那麼母貓就不會排卵。

發情後期到下一次發情前的一段時間叫間情期。在此期間，母貓血液中的

雌激素濃度較低，母貓不接受性行為。間情期持續十三至十八天。如果這個時候日照不足，貓就會進入乏情期，也就是讓生殖器官回歸到靜止的狀態。

若是鏟屎官和公貓對母貓做了羞羞的事情，那麼母貓就會進入黃體期，指的是排卵後黃體占優勢的這個時期。交配或者誘發排卵行為，會引起黃體化激素（Luteining hormone）從腦下垂體前葉釋放，促黃體素的充分釋放會引起排卵。一般認為貓是典型的誘導性排卵動物。交配時，公貓的陰莖可能會引起母貓陰道的後部膨脹，透過神經內分泌反射性引起下視丘釋放促性腺激素釋放激素（Gonadotropin-Releasing Hormone）。

幾分鐘內促黃體素達到峰值，在多次交配時，促黃體素峰值比單次交配更高、持續時間更長。一般來說，大多數貓需要四次，或更多次的交配才能引起排卵。

貓卵泡中留下的顆粒細胞發生黃體化，並立即開始產生黃體酮。排卵後如果卵母細胞沒有受精，就可能會出現持續三十至四十天的假孕，如果發生胚胎早期死亡也會出現假孕。如果排卵後，卵母細胞在輸卵管受精，那麼貓寶寶的胚胎在四至五天後，會進入子宮角，然後在子宮角內排布開來。著床一般要在受精十二至十三天後才開始，貓寶寶的著床率可以超過八五%。**母貓的妊娠期一般在六十二至七十一天的範圍內，平均為六十六天，平均產胎數是四至五隻**，但變動幅度很大，特別是在純種貓中。

一隻貓在黃體期結束後十天左右可以再次發情，但哺乳的母貓通常有哺乳乏情期，能持續到小貓斷奶後八週。大多數母貓在斷奶後四週，若仍在發情季節，便可重新發情，但也有少數母貓在哺乳期內就能重新發情。通常貓在妊娠後的第一次發情時間較短，也很少受孕，因為這個時候已成熟的卵泡極少。

在適宜的條件下，**母貓每年能生兩次小貓，直到八至十歲，但最佳生育年齡是二至七歲**。超過七歲的母貓，其發情週期更不規律，產胎數少，自發性流產及先天性缺陷幼貓多。一般來說，母貓的第一次懷孕，最好是在其身體完全發育成熟後，這樣能保證配種成功、妊娠正常和產後小貓能得到較好的護理。一歲以下的母貓發情週期可能不規律，並且不能表現出成熟的母性行為。

跟母貓相比，**公貓**的發情則沒有太多的學問，因為牠們**基本上是沒有發情週期的，主要是受到母貓發情時分泌的費洛蒙刺激而開始發情**。公貓發情時，尾巴會舉高，會一直想往外跑，會到處噴尿占地盤，尿味特重，容易與其他公貓打架。

若要讓兩隻沒有在一起生活的貓進行「包辦婚姻」，最好把母貓放到公貓處，因為公貓要對周圍環境感覺舒適才可成功配種。一般來說，公貓要花費相當長的時間來標示自己的領地，如果這個區域被全面清掃，特別是使用了氣味清潔劑，有些公貓會不理會，甚至攻擊來訪的母貓，直到牠重新適應領地，這個過程有時會長達十四天左右。

同樣的，有時候壓力也會影響母貓，會暫時擾亂腦下垂體和卵巢的功能。所以「包辦婚姻」最好提前幾週就把母貓介紹到公貓處，讓其在配種前能熟悉新環境。成功交配後，母貓會立即發出號叫，跳離公貓，甚至常抓咬公貓。這時公貓需要有逃逸路徑，因此交配區域應寬敞或有可利用的垂直空間，例如書架。接下來的幾分鐘，母貓會在地上打滾，抓撓和舔咬自己的會陰。之後的幾個小時，大多數母貓會拒絕交配。

母貓會有一定的擇偶性，如果一隻母貓接受了一隻公貓，可能在這次發情期間牠就不再接受另一隻公貓。有趣的是，有些貓似乎討厭其他品種的貓，或者母貓先前有過不好的經歷，使牠不怎麼情願接受公貓。

如果一名鏟屎官想要自己的貓留下後代，那麼一個有效的配種計畫是，讓母貓在發情的第二天和第三天每天交配三次（每次間隔四小時），這個方法能使九〇%以上的母貓誘發排卵。另一個有效的配種計畫是，讓公貓和母貓在發情的頭三天內，每天有數小時的自由交配時間。但需要注意的是時間不能太長，畢竟公貓如果頻繁的交配，也是會耗盡庫存精子的呀。

06 虎毒不食子？不適用在貓身上

鏟屎官看到四隻小奶貓在貓媽媽的肚子上吃奶，是一種幸福的體驗。晚上鏟屎官躺在床上時，卻開始擔心，該怎麼照顧這些小貓？等牠們長大一些，要把牠們送走嗎？就這麼想著想著，鏟屎官進入了夢鄉。次日一早，天微亮，鏟屎官從床上爬了起來，去看小貓，一隻、兩隻、三隻……找了屋裡的每一個角落，再也找不到第四隻小奶貓，彷彿牠從來沒有出現過……。

發生了什麼事？還有一隻小奶貓怎麼會不見？鏟屎官想了無數種可能性，甚至開始懷疑是不是自己前一日把貓寶寶的數目數錯了。然而真相可能會讓鏟屎官無法理解，那就是「失蹤」的小奶貓，其實是回到貓媽媽的肚子裡了。

就像不是所有的女人都會成為好媽媽，也不是所有的母貓都會成為好母親。作為一隻貓，母貓不會因為小貓的出生而停止狩獵行為。有些貓缺乏母性本能，或者可能激素失衡，這樣母性本能就不會隨著懷孕而同時被激發。同時，如果一隻母貓生了小貓，而一同生活的另一隻母貓，並沒有經歷過生產（懷孕和分娩會產生激素，這些激素通常會激發母性本能），那麼這隻未生育的母貓，可能會把其他母貓所生的小貓當作獵物，小貓的體形和聲音觸發了牠的狩獵本能。

有些小貓從出生就有人類無法察覺的異常，或者生病，因此可能不會茁壯成長，甚至可能對母貓採取了不正常的行為回饋，有些貓媽媽不想浪費精力，養那些生存機會很小的小貓。此外，牠們因為在懷孕期間消耗了大量的能量，可能會吃掉這些小貓試圖彌補這些損失（就像牠們吃胎盤一樣）。**透過減少窩中的小貓數量，貓媽媽增加了其他小貓成功存活的機會。**

貓媽媽吃小貓的原因也有可能是鏟屎官帶來的，如果貓媽媽是在家中分娩小貓，鏟屎官可能會過分關心整個過程，並且叫來其他人一起盯著貓媽媽。這會給貓媽媽帶來巨大的壓力，牠**會把那些陌生的面孔，視為對小貓的潛在威脅**。這時候對小貓最安全的策略就是，讓牠們回到自己的身體裡。**故在讓任何討厭的陌生人靠近牠們之前，牠選擇先把牠們吃掉**。

在小貓出生之前，鏟屎官可能會看到貓媽媽四處遊蕩，把鼻子伸進櫥櫃和其他地方探尋。牠是在尋找一個安全的地方養牠的小貓，當牠發現某個地方安靜、黑暗且安全時，就會在那裡安頓下來。這就是為什麼鏟屎官往往會發現，衣櫃的底部突然變成了產房。當小貓出生後，如果人們不斷的來偷看，造成太多干擾，就會讓牠感受到威脅。人類很難理解母貓的這種感覺，但是剛出生的小貓不能爬動，睜不開眼睛，被貓媽媽吃掉就成了一種自然的解決辦法。

吃就是保護，是生存本能

在野外生存的貓，情況就更殘酷了一些。有的時候，小貓被貓媽媽吃掉可能是因為牠出生在一年中最糟糕的時候，例如在野外的早春、晚秋和冬季，由於缺少獵物，生存的機會很低。**許多母貓會殺死在一年中環境最糟糕時出生的小貓，避免在牠們找不到足夠的食物時，消耗寶貴的能量來餵養小貓。**

如果巢穴受到侵犯，母貓也有可能會殺死小貓，這歸因於經歷挫敗時的保護本能。母貓無法保護自己的小貓免受已經感知到的威脅，因此殺死了牠們。也許本能告訴母貓，與其試圖保護後代免遭不可避免的危險，並在這一過程中可能危及自己，不如自己殺死後代，然後逃走。

這樣的情況並不罕見，尤其是在生育經驗不足的母貓身上。一些緊張的母貓會被附近公貓的氣味所干擾，以致開啟了「吃就是保護」的機制。壓力過大的母貓決定減少損失，以後在更有利和更安全的地點再生育。另外，母貓在懷孕和哺乳這些小貓方面投入了大量的精力，因此吃掉小貓，母貓就可以重新吸收一些能量。透過重新吸收這些營養，母貓將更快的恢復到繁殖狀態，並可能在同一個繁殖季節的晚些時候，成功的再次生出小貓。

在一個群體中，若是同時出生了幾窩小貓，其中一隻母貓（通常是更具統治力的母貓）可能會選擇殺死或者「綁架」競爭對手的小貓。這樣的行為可能會提高自己生出來的小貓的生存率，消除另一窩小貓的遺傳競爭。

第二種可能是母貓分得清彼此，只把母性用在自己的寶寶身上，而不承認其他小貓是獵物以外的東西。相反的，母貓也可能會母性氾濫，「綁架」別的小貓，並把牠們當作自己的孩子撫養。結果就是一隻母貓試圖綁架小貓，另一隻母貓試圖保護牠們，最終導致小貓意外死亡。

另一個導致小貓死亡的原因實屬罕見，但並非不可能。缺乏經驗或過度焦慮的母貓可能會過度清潔小貓。由於這個時候的小貓非常小，而且很脆弱，在這個過程中，貓媽媽會不小心咬掉小貓的爪子、尾巴或耳朵，最終導致小貓死亡。當然，小貓自然死亡也時有發生，原因各式各樣。這種情況下小貓之所以會被貓媽媽吃掉，是因為這就是處理腐肉的方法之一。

殺死小貓的凶手除了貓媽媽以外，也可能是公貓。在野外，幾隻母貓經常會形成一個鬆散的社群組織，而公貓只有在交配時才會在場。當一隻公貓出現後，牠為了自己的利益，會擊退其他公貓，並消滅可能是另一隻公貓與母貓交配所生的小貓，這是為了消除競爭對手的基因後代。這在許多社會動物中是正確的，只有在非常少見的情況下，一隻雄性動物才願意耗費精力，來撫養另一隻雄性的後代。

那麼公貓怎麼知道誰是小貓的父親？貓很大程度上依賴氣味標記來確定誰在自己的

領地上，以及誰訪問過該領地。如果一隻公貓在自己的領地上，聞到了競爭對手的氣味，牠就可能會認為牠的「後宮」生下的小貓，屬於來訪的公貓。這不符合牠的基因利益，因此牠可能會殺死那些小貓。

當一隻新的公貓接管或繼承一個領地時，牠也可能會驅逐或消滅其他小貓，以便確定之後的小貓都繼承了自己的基因。這裡所謂的領地可以是野外的山丘，也可以是鏟屎官家裡的一個小房間。

咬頸，是一種在交配行為和顯示優勢的行為中都會出現的動作，貓媽媽移動小貓時就會叼起牠們的脖子。不過公貓也會試圖對小貓做出咬頸動作，特別是一隻不守規矩的小貓，就像是人類的父親在訓斥自己的孩子，但這樣做可能會折斷小貓的脖子。另外，一隻被哺乳期母貓吸引的公貓，可能會嘗試與母貓交配，但如果公貓被拒絕了，牠可能會嘗試騎上一隻小貓（一種轉移挫折的行為，為交

配衝動提供另一個出口），同樣，這時牠的下顎力量可能會折斷小貓的脖子。

最後，當一隻公貓成為「奶爸」時，牠也有可能失手殺死寶寶。一些公貓會從不稱職的母貓那裡承擔起母親的職責（除了產奶），或者撫養孤兒小貓。當小貓玩耍時，一個潛在的問題出現了。大多數母貓可以在「遊戲模式」和「狩獵模式」之間切換，以免傷害牠們的後代。但對公貓來說，牠們不太可能完全關閉「狩獵模式」，當牠們透過遊戲而變得高度興奮時，狩獵本能開始生效，因此可能會導致小貓被肢解甚至被吃掉。

幸運的是，從小在人類家庭出生，並在優渥的環境中長大的貓，不會有太大的精神負擔，因此牠們不會經歷太多的競爭，殺死小貓的情況相比野外生存的貓要少得多。

07 如果有一天，貓要回喵星

一隻貓的貓生盡頭就是回到喵星。有些貓非常幸運，以壽終正寢的方式走完自己的貓生；另一些貓還來不及讓鏟屎官做好心理準備，就會因為意外或者生病，提前去喵星報到。

有些人認為生命是神聖的，即使動物處於痛苦之中，他們也不會取其性命。他們用人類的標準來評判動物的生命，堅持動物要自然死亡，不管其生命的品質有多糟糕。他們認為除了吃掉動物以外，沒有其他任何結束生命的理由。但另一些人選擇安樂死的方式，讓自己的貓離開這個世界。

安樂死的英文單字是「euthanasia」，字面意思是溫和的死亡。選擇給貓安樂死有好的理由，也有壞的理由。好的理由是指把貓的幸福放在首位，所謂幸福，意味著結束已經陷入長久痛苦的貓生。不好的理由則是指貓主人純粹為了自己方便做出選擇，而不考慮貓。

一隻貓會面對安樂死，或許有著以下的原因：

- 器官衰竭：當內部器官衰竭時，毒素會在貓的體內積聚，慢慢殺死牠。
- 貓變得狂躁且難以控制：如果不能讓貓重新回歸正常的情緒，除了安樂死可能沒有其他選擇。
- 不斷惡化的疾病：貓會虛弱到無法搆到自己的飯盆。
- 鏟屎官被迫離開原來的環境：不能繼續養貓，而貓長得不好看，不是品種貓，或者鏟屎官的朋友太少，以致沒有機會幫貓找到一個新家。
- 喜新厭舊：鏟屎官喜歡貓年輕活潑的樣子，但現在貓老了，已經厭倦了。
- 摳門：鏟屎官不想把錢花在貓身上，寧願去換一支新的手機。
- 搬家：鏟屎官要搬家，不能帶貓去，或者不想帶貓去，也懶得替牠找新家。
- 鏟屎官去世：遺囑裡要求要貓去下面陪自己。

其中的一些理由大家看了是不是覺得很可惡？貓怎麼可以受到這樣的對待？大多數的獸醫也不會為了鏟屎官自私的念頭，而對一隻健康的貓實施安樂死。但如果鏟屎官威脅要拋棄這隻貓、要親手殺死牠，面對這樣的情況，獸醫通常沒有什麼選擇的餘地。

由於貓的數量過多，或其行為特徵導致無處安置時，不負責任的鏟屎官可能會把不要的貓遺棄在大街上[4]，認為牠們會自己捕食和覓食。然而，許多寵物貓其實無法自謀生路，**因為牠們從小就沒有真正經過狩獵的訓練，一些年老體弱的貓即使有技能，也**

可能已經心有餘而力不足。所以被遺棄的貓經常會餓死、病死，或被更大的動物（流浪狗）殺死。

該放手，還是陪到最後？

做出結束一隻動物生命的決定是艱難的，感覺像是背叛。**一個負責任的鏟屎官對自己的貓擁有生死大權。這一權力必須明智的使用，而不是濫用。**在許多國家，人類沒有被賦予選擇自己死亡的權利，可能註定要在不必要的痛苦中徘徊。但一名鏟屎官可以選擇一種快速而人道的方式，讓一隻貓從低品質的生活中解脫出來，也可以選擇讓牠經歷長期痛苦。

比如，是否要結束一隻年老體弱的貓的生命？也許，如果再給牠一天或一週的時間，牠就可能會在睡夢中自然死亡。但你知道這個過程中牠會很不舒服，直到死於脫水、飢餓，或者由於肝腎衰竭導致毒素在體內積聚而死。如果這隻貓外表看起來很健

4 臺灣《動物保護法》第五條明文規定，飼主飼養之動物，除得交送動物收容處所或直轄市、縣（市）主管機關指定之場所收容處理外，不得棄養。若是違反，主管機關可處飼主新臺幣三萬元以上，十五萬元以下的罰鍰。

康，但患有無法治療的疾病時，那麼要做出決定就更加困難了。

同樣，對貓進行安樂死，對一些獸醫來說也是一個困難的選擇。一些獸醫認為疾病是一種挑戰，動物的死亡是對他們能力的侮辱，不管動物的狀況如何都應該救治到最後一刻。另一些獸醫則認為，透過治療延長動物生命是不人道的。大多數獸醫的想法都處於這兩種極端之間，他們會建議，**只要貓的生活品質有保證，就應該延長壽命**。

治療貓和治療人一樣，有時候多問一個獸醫可能會有一些幫助。獸醫和治療人類疾病的醫生一樣，可能會專攻不同的領域。一個好的獸醫知道自己的局限，若認為自己在對待貓的疾病上能力有限，就應該提出，讓鏟屎官去諮詢更有經驗的獸醫。

鏟屎官會傾向於在網路上查找治療貓咪的資訊，有一些文章和一些獸醫的主張，很能調動起鏟屎官的內心情緒，但事實上帶來的是錯誤的希望。其中一些突破性的治療可能只是個例，沒有提到其中的失敗率，或這種方法是否仍然是實驗性。

鏟屎官還不得不面對的一點，就是獸醫學遠遠沒有人類醫學發展得那麼迅速，對沒有太高經濟價值的貓來說，人類對其的醫學研究累積非常有限。所以，當面臨無法保證治療有效，能延長貓壽命的抉擇時，**請一定要想一下治療會不會給貓帶來新的痛苦，不要因為無法忍受失去愛貓，而去延長牠痛苦的生命**。

對貓來說，重要的是生命的品質，而不是生命的長度。貓不會為明年的假期做計畫，活著時所能考慮的事，可能就是等待你下班回家的腳步聲，和牠的下一頓飯。

那麼，在什麼情況下鏟屎官應該考慮對貓進行安樂死？這裡有五點準則提供參考：

- 貓處於無法治癒的痛苦之中，藥物無法減輕牠的痛苦。
- 貓受到了嚴重的傷害，永遠不能恢復，並會嚴重損害牠的生活品質。
- 小貓有天生的嚴重缺陷，不能做外科手術。
- 貓有無法解決的行為問題，並沒有藥物治療或行為矯正的方式。比如，貓攻擊人類（一些行為問題是其神經狀況或腦損傷所致）。
- 貓得了老年病，無法治療。比如罹患失智症，進而發展成頻頻失禁。

如果一名鏟屎官在生活中妥善照顧了自己的貓，那麼他就應該履行這最後一份責任，給貓帶來溫和的死亡，而不是緩慢又痛苦的死亡。**結束生命的決定從來都不容易做，對已經不能保證生活品質的貓實施安樂死，是鏟屎官充滿愛心的決定。**

現代藥物的效果非常快，整個過程也會非常平和。貓的安樂死，是透過在其前腿靜脈中注射過量麻醉劑來完成的。如果年老或生病的貓已經不適合靜脈注射，那麼藥物可以直接注射進腎臟或心臟。

注射時，鏟屎官可以在場，輕輕的約束住貓，這將是和貓道別的時刻。整個過程不會給貓造成什麼痛苦，貓在注射開始的幾秒鐘內就會失去知覺，再過幾秒鐘後就會死亡。如果你抱著這隻貓，就會感覺到牠在呼氣、放鬆，然後你的手臂會覺得更重了一些。當貓的肌肉放鬆後，尿液可能從膀胱中流出。然後，獸醫會把貓放成一個自然的睡姿（看起來就像睡著了一樣），然後閉上牠的眼睛。

動物在死亡時並不總是能自動閉上眼睛，因為臉部所有的肌肉都放鬆了。貓的嘴角可能會回拉，看起來像是在做鬼臉，但這僅僅是肌肉放鬆和重力造成的，並不是疼痛的跡象。最後，獸醫會檢查貓的脈搏或眼瞼反射，確定牠去了喵星。

第三章

狗忠誠、貓薄情？

01 是天才還是蠢蛋？

在一些鏟屎官看來，他們的貓總是聰明無比，能知道主人的喜怒哀樂。但另一些人認為，貓不是一種聰明的動物，連一些非常簡單的訓練都無法完成。在這一個多世紀以來，人類似乎覺得有必要評估動物的智力，而貓一直是人類研究和學習大腦功能的熱門課題對象。

狗已經被訓練得擁有守衛、放牧、狩獵、救援、協助（例如導盲犬）等工作技能，有的甚至會表演馬戲技巧，對許多人來說，這是牠們擁有智慧的明顯標誌。但是，貓至今也沒能被訓練出一種專業技能。在迷宮實驗中，大多數的貓也表現不佳。狗很快學會了在迷宮中導航並獲得獎勵，而貓卻經常一屁股坐下來，開始自顧自舔毛。

其實，狗之所以可以出色的完成工作，跟人類操縱犬科動物的社會本能分不開。在狗的生活中，牠們經常和人類合作餵養、偵查，以及捕獵大型獵物。未成年的狗習慣於順從的向成年狗乞討食物，牠們渴望取悅同伴，以保持自己成為集體的一部分。家養的狗會把人類視為主要的群體成員，所以牠們取悅人類。此外，數百年來，狗一直被人類選擇性的培育，以增強某些特性，減少或消除了其他特性。

與此同時，貓有著不同的社會結構。在食物充足的地方，牠們大都是獨居，尤其是公貓，牠們傾向於漫遊尋找母貓，而不是待在群體之中。儘管母貓之間可能會形成社會群體，但貓一般不獵食比自己大的獵物，很少成對或成群獵食。因此，貓是獨立的，而不是真正社會性的，幾乎不需要或根本不需要與其他貓合作。

喵舉喵動，如何訓練

貓不受社會地位因素的驅使。要訓練一隻貓，人類必須找出可以激勵牠的東西。這裡的答案通常是食物，在訓練完成後有食物的承諾，可以驅使貓做一些事情。即便如此，貓也不會像狗一樣那麼死心塌地的被食物所激勵，如果獲得食物獎勵的過程過於辛苦，貓就會選擇減少損失，尋找更容易的獵物。

這就好比在野外，如果一個獨行獵人在尋找或殺死獵物上花費的精力，比從吃掉獵物中獲得的能量要多，那就沒有意義。在野外，狗會長距離跟蹤和追捕獵物，但貓往往選擇埋伏並即刻發動攻擊，即使需要追捕獵物也只能在很短的距離之內。因此，貓與人類的合作是有限的。狗一度是因為實用而被人類飼養，而貓則一直是因為其外表。

貓這種不太合作的態度成功引起了人類科學家的興趣，不管是否同意，很多貓都參與了這樣的研究，其中不乏一些較為殘忍的實驗。一些測試將電極插入貓的大腦中，要麼監測其大腦活動、要麼刺激某些區域，觀察貓的學習能力或智力是否受到影響。大多數這樣的測試對象最終會被殺死，牠們的大腦會被進一步解剖，以尋找學習導致大腦變化的證據。

早期的心理學家認為，動物所有的行為都是由刺激反應關聯引起的。一九六六年，美國密西根大學（University of Michigan）的研究人員就在一隻貓的大腦中，安裝了一系列完整的電極。手術是在完全麻醉的情況下進行的，貓醒來時對發生的事情一無所知。直到牠的身體完全康復，實驗才開始。

貓的脖子上多了一個小領子，上面固定著一個帶有微型接收器的裝置，接收器上連接著整齊的銀絲，每條銀絲都消失在皮毛後面，深入大腦的不同位置。貓這時似乎成為一隻機器貓。透過無線電傳輸的命令，貓會做出喝水、吃東西、撓癢等行為。對人類來說，這個實驗不在於人類能強迫貓做出這樣或那樣的動作，而在於人能簡單的透過電流，喚醒貓做出特定行動的欲望。

之後，人類開始認識到，許多哺乳動物都能夠進行更複雜的心理過程，而不僅是簡單的刺激與反應。大多數高等動物對他們的世界有某種精神上的認知，他們理解世界是如何運作的。為了研究貓的智力和學習能力，人類開始設計更合適、更人道的測試。

人類在評估其他物種的智力時，常帶有偏見。有良好視力和靈巧手的動物，總是被認為比沒有這些特徵的動物更聰明，人類偏袒那些利用與人類相似的方式看到、反應和操縱事物的動物。學會做對人類有益的事情的動物，也被認為比不太合作的動物更聰明。然而，這是人類世界觀的不足，而不是動物智力的不足。

貓或狗不需要學習量子物理或理解《三國演義》就能生存。動物的智力與動物生存的自然環境及其生存需求有關。要測量動物的智力，就必須了解動物的世界觀，然後再制定測試。如果測試依賴於學習，人類就必須找出激勵狗或貓學習的因素，這些測試需要適用於動物的身體和行為特徵，而不是人類的行為。

不同的動物有不同的先天行為。例如，分別給一隻未經訓練的貓，和一隻未經訓練的邊境牧羊犬一群小鴨子。狗會保護牠們，而貓則會跟蹤小鴨子，然後把其中一隻或多隻吃進肚子。

我們不能因為貓沒有放養小鴨，就說貓的智力不行；或者因為狗沒有認知到小鴨子可以是自己的食物，就說狗的智力不行。邊境牧羊犬是經過幾代人培育選擇而形成，具有強烈放牧本能的品種，而貓吃掉小鴨子則是一件非常自然的事情。如果透過這個測試來判斷智力水準，任何一種生物都不比另一種生物聰明。如果這個測試是以「放牧能力」來作為衡量標準，那麼這個測試的設計者要麼選擇不當，要麼就是偏袒狗。

這樣的測試有時會被研究人員狡猾的利用，讓一些統計資料來「證明」一個寵物理論或一個既定結論。其實，人類非常偏愛自己的智力，相同的行為若是出現在其他動物身上，智力的跡象通常被人類稱為「狡猾」，或者被認為是「本能」。即使在人類內部，類似事件也並不罕見。曾經，歐洲的白人一度認為非白人是狡猾的，能夠接受訓練，但並不聰明。

貓很聰明，只是愛裝傻

對鏟屎官和觀察野貓的自然學家來說，很明顯，貓很聰明，天生就具有好奇心，而且具備學習的能力。在家裡或自然的野生環境中，貓會根據情況調整自己的行為和策略。比如，不少貓都具備打開房門的能力。但貓知道門鎖是用來鎖住門，而門把可以打開門鎖嗎？答案顯然是否定的，牠們這麼做是因為，牠們把操縱行為與現實世界的後果聯繫在一起。

有一個非常類似的例子，很多鏟屎

官都遇到過自己的貓「禮貌的」在門上抓撓以吸引注意力，然後鏟屎官就打開門讓牠進出。貓因此學會了「鏟屎官至少在某些場合會為自己打開門」這個行為，然後相同的情景就會經常上演。在這個例子中，貓撓門和門被打開之間並沒有科學的因果關係，很多時候鏟屎官開門的原因只是不勝其煩而已。

貓透過發出聲音來和人類交流也是如出一轍，其實那些叫聲本身並不具備所達成的效果的對應含義，但在不斷探索中，貓知道了自己什麼樣的聲音，可以讓鏟屎官知道自己的需求。從本質上講，牠們是改變了自己的行為，以從人類或物體上獲得所需的反應，也就是學習的能力。

心理學家認為，像貓和人這樣的動物，生來就是無助和依賴他人的，因此而發展了生活中需要學習的能力。比如，人類的嬰兒會學習周圍世界的物理規則，他們天生的語言模組使得他們只需聽就能學習語言。

人們對小貓進行詳盡的發育研究後發現，貓具有天生的學習能力。如果把一隻剛出生的小貓從窩裡搬走，牠只會在原地繞圈子爬，但六天大的小貓就可以根據母親或幼貓的氣味，將自己定位到窩中。到第一週結束時，牠們已經學會用氣味區分籠子不同部分的位置。到兩週大時，牠們可以在半徑大約三公尺的範圍內進行無障礙的定位，並開始探索。小貓的先天行為雖然是基於遺傳模式，但這些行為在長期和短期內，都是透過學習來改變和補充的。

許多物種都有專門的大腦模組來完成某些任務。儲存堅果和種子以備過冬的物種，具有優異的空間記憶能力，牠們有著發達的海馬體。人類中計程車司機必須記住很多路線和街道位置，因此他們的海馬體也相對較大。

貓本能的會捕獵東西，即使牠們不獵食，也會在玩玩具、與其他貓玩耍或與鏟屎官玩耍時表現出獵食行為，包括知道在哪裡找到獵物，跟隨快速移動的獵物，以及協調爪和顎的運動來抓住獵物。這些基本的狩獵技能是生來就會的，即使貓從未獵殺過，人類也可以透過插入電極刺激貓大腦的適當部位，來觸發其突襲和撕咬行為。

許多貓喜歡看電視，尤其是看大自然節目。大多數的貓很快就能把電視和窗戶放在同一個認知範疇中，因為牠們能看到和聽到動物，但搆不到牠們。在電視或揚聲器後面經過一、兩次調查後，貓會知道動物是待在電視盒子裡，並不在屋中。有趣的是，貓能識別出電視畫面中的動物是潛在的獵物，其中的祕密在於牠們能識別動物的運動方式。

貓能分辨出動物的運動與無生命物體的運動。在一個實驗中，兩個電腦螢幕上都有移動的圖像，一張圖像包含十四個點，組成一隻行走或奔跑的老鼠輪廓，另一張圖像包含十四個隨機移動的點。貓總是能區分出象徵著潛在食物的動物輪廓，和對牠們來說不那麼有趣的隨機點。然而，如果有動物運動圖像的電腦螢幕被倒置，貓就不能再把它與隨機運動的點區分開來。因為**對貓來說，倒立的動物沒有邏輯意義**。

儘管一些科學家認為，只有人類和靈長類動物才能透過觀察別人來學習，但一些跡象顯示貓也具備了不錯的觀察學習能力。比如，小貓透過觀察母親並試圖模仿牠來學習狩獵技能。當小貓漸漸長大一些後，母貓會開始把獵物帶回巢穴。起初，大家只是把獵物當作食物，但後來母貓會把活生生的獵物帶回來給牠們玩。當獵物試圖逃跑時，牠會重新捕獲獵物。如果小貓不自己處理，牠就會殺死獵物。漸漸的，小貓就學會了殺死被帶回巢穴的獵物。再後來，母貓出門去打獵時，小貓會選擇跟著牠。

在實驗室中，九至十週大的小貓們被要求，目睹一隻成年貓等著閃爍的燈光亮起，再按下一個槓桿來獲取食物這一過程。在沒有觀察過這隻示範貓的控制組中，即使經過三十天的反覆實驗，小貓也學不會做這項工作。如果示範貓是小貓的母親，小貓們平均四至五天就學會了用槓桿來獲取食物。如果示範的是一隻陌生的成年貓，小貓需要十八天才能學會。

小貓之所以從母親身上學習得更快，可能是因為貓的禮儀在作祟。因為在貓的禮儀規定中，盯著看是一種敵意的表現。小貓不太敢盯著不熟悉的貓看，但小貓和貓媽媽之間可以放棄這種規則，因此小貓可以更專注的觀察牠們的母親，並且更快的學習到技能。成年貓也可以透過觀察來學習，透過觀察另一隻貓的表現，可以更快的學習一些技能。比如，一隻貓很容易就從同伴（另一隻貓）從廚房的櫃檯上偷食物的行為中，學習到能給自己帶來零食的技巧。

智力的一個衡量標準是自我意識。自我意識的測試是看一隻動物如何對自己做出反應。人類和高等靈長類動物能在鏡子中識別自己的形象。如果有人在小孩的鼻子或黑猩猩的臉上塗上一些粉末，然後讓牠們照鏡子，小孩或黑猩猩會用手在自己的臉上擦去粉末，而不是對鏡子中的影像伸手。但貓會先檢查鏡子後面（是不是有奇怪的貓躲在後面），但很快就會發現鏡子裡的貓不是真的。與人類和高等靈長類動物不同，貓似乎不能理解鏡像貓就是牠自己。

不過也有科學家認為，貓並不是不能理解鏡像的自己，而是對自己的形象不感興趣。能夠識別自身並做出反應的動物，如人類、猴子和鸚鵡，是社會性動物，他們的交配和社會關係，取決於他們的身體對其他同類的

吸引力。所以對社會交往不感興趣的人，往往對自己的穿著打扮的興趣也相對較低。在貓的社會中，牠們的互動是基於健康和能力，而不是基於體形的吸引力。與人類、猴子和鸚鵡等視覺導向物種不同，貓透過聲音、氣味、觸覺（鬍鬚）和視覺的綜合作用來感知世界。

那麼，貓真的有智慧嗎？當然，不過牠們並不完全從人類的角度來思考。貓所認識的世界在一些層面上和人類是相通的，比如牠們有很好的時間感，也可以識別其他的貓、一些人和一系列物體。但也有著明顯的不同之處，比如人類的孩子能學會看別人指的地方，但對貓來說，如果一個人指向一個物體，貓會看著這個人的手指，而不是手指指向的東西。為了吸引貓對該物體的注意力，人類必須輕拍物體本身。

02 貓是自私、薄情的生物？

兩隻貓一起生活在鏟屎官的家中，如果其中一隻去世了，另一隻貓會感到悲傷和難過嗎？如果鏟屎官去世了，這兩隻貓會思念自己曾經的主人嗎？這可是考驗貓咪良心的時刻！

人類不可能確切的說出貓的感受，但當一個親密的伴侶缺席時，貓肯定意識到了這種缺席。牠們不太可能用人類的語言來哀悼，但當牠們適應生活中因此產生的不同時，會有一些行為上的改變。

悲傷，是依戀遭受突然或意想不到的割斷時產生的心理情緒。這些東西或人給貓帶來了幸福、滿足或安慰，因此他們的持續缺席會給貓造成壓力。

貓知道一個熟悉的人或同伴貓不在，可能會去尋找那個人或那隻貓。比如，貓媽媽在小貓被帶走後，經常找小貓很多天，會一直踱步和哭鬧，除了乳腺腫大引起的身體疼痛外，貓還會表現出精神上的痛苦。

許多野生物種在配偶、父母、後代或群居伴侶死亡後都會感到悲傷。例如，大象會用鼻子觸碰死去同伴的屍體，甚至觸碰同類的骨頭。然而，這裡需要理解一點，貓並不是群居動物，或者說至少不是典型的群居動物。在野外，每一隻貓都是一個獨居獵手，因此貓必須建立一個領地（即狩獵領地），以避免與其他貓發生衝突。因此，**貓用來自面部的腺體、尿液、糞便和肛門腺的氣味來標記自己的領地**。這種地域性標記，加上其極為敏感的嗅覺，幫助貓與貓之間有效的溝通，並儘量減少彼此的直接衝突。

貓的領地有一個核心區域，在那裡牠感到足夠安全，可以睡覺、吃飯和玩耍。在這個核心區域，貓會主動防禦他人入侵。除此之外，貓還有自己的狩獵場地，這是貓漫遊的範圍。這一區域可能會與其他貓重疊，牠們會在這裡互相問候和互動。

不過，貓是一個適應性很強的物種，在保持其作為一個單獨狩獵者的內在的同時，在一些情況下（自然和人為干預），貓也會適應群體生活，並演化出簡單的社會結構。貓的社會行為主要取決於貓的密度，和食物來源的可持續性。在野外，一些母貓會相互聚攏，成為一個小群體。這個群體中可能存在非常鬆散的支配等級，但不會形成一個相互依賴的群體，而且牠們也沒有發展出社會生存策略和群體心理。這些在一起生活的母貓依舊是孤獨的。然而，和人類一起生活的貓，卻能發展出更進一步的社會關係。

貓咪感到悲傷時，會有哪些表現？

貓在與之長期生活在一起的人類，或其他貓同伴死亡時，確實會感到悲傷。不過悲傷因貓而異，有些貓表現出很少的悲傷（有些貓在一隻經常與之爭吵的同伴死後，會表現出歡樂的情緒），而另一些貓則會受到深深的創傷。在過去，這種差異性導致一些科學家對動物悲傷的概念不屑一顧，認為這只不過是動物主人的擬人化描述。但這些科學家忘記或忽略了一個事實，即使是人類，在表達悲傷的方式上也是同樣多變的。

人類和貓的悲傷主要差別在，貓只會為熟悉和親密的夥伴而悲傷，而人類可以為遠親或公眾人物而悲傷。

貓缺乏抽象和記憶能力，因此無法對未見過的貓（或人）和長期不在生活中出現的貓（或人）而悲傷。人類通常有儀式化的方式來處理他們的悲痛。而貓可能會因為悲傷而變得孤僻，或者變

得過度依戀。

曾經有一對貓的主人死了，貓在收容所裡不肯吃東西。為了減輕這種狀態，牠們被送到了人類家中飼養，獸醫還給牠們開了刺激食慾的藥。一隻貓康復了，但另一隻繼續萎靡不振，最終病情危重，不得不安樂死（長期禁食會導致肝臟損傷）。鏟屎官的死亡對第二隻貓的日常行為產生了嚴重影響，讓獸醫認為即使強制餵養也於事無補。這隻貓已經對生活失去了興趣，屍檢的結果也證明了這一點，獸醫沒有在這隻貓身上發現任何疾病的跡象。

長久以來，人類被認為是唯一會在悲傷時哭泣的動物。但事實上，其他動物在情感上遭受痛苦時也會流淚。貓可能會透過噩夢來表達悲傷。曾經有一個人收留了一隻貓，貓的原主人在貓面前痛苦的去世了。被收留後的貓經常會做噩夢，從睡夢中驚醒，嗚咽著、恐懼著，需要新主人的身體安慰，直到恐懼和悲傷消退。除了黏人，這隻貓還經常會把新主人從睡夢中吵醒，好像擔心新主人也會死了。這種行為持續了幾個月，直到創傷性記憶消失。

不過，貓悲傷的表現是由於熟悉的人沒有出現，人類悲傷的部分原因是意識到自己將永遠不會再看到活著的那個人。那麼，貓雖然會因為夥伴或者主人的去世而悲傷，但牠們能理解死亡的永恆性嗎？貓似乎能理解一個沒有生命的人的狀態，牠可以從人的體溫變化、氣味變化中探知。雖然還沒有證據可以證明，貓是否能把一具屍體和活著的人聯繫起來，但在一些例子中，貓在經歷了熟悉的伴侶去世後，就不會再尋找新同伴。因此，貓可能對死亡的東西不能復活有著一些理解，這可能與牠們掠食者的身分有關。

悲傷的第一階段是激動期。在此期間，失去親人的貓，可能會花費數小時或數天尋找失蹤的同伴。如果失蹤的同伴是人類家庭成員，貓可能會在任何有人進門的時候表現出極大的期待。會去戶外活動的貓可能會搜索牠們的領地，或坐在門口的臺階上等待缺席的同伴歸來。這個階段之後是抑鬱期，有時候會長達幾週。漸漸的，貓的抑鬱狀態會減弱，最終恢復正常行為。雖說是正常行為，但這隻貓還是可能會有一些改變，因為這隻貓的領地權利或社會地位改變了。

整個恢復期短則兩週，長的話會需要半年的時間。在此期間，一隻悲傷的貓會需要更多的安慰和關注。這並不意味著要強迫鏟屎官注意一隻貓，但這確實意味著一些小事情，比如提供充足的貓食，或和貓玩新玩具。如果貓受到嚴重影響，沒有克服悲傷的跡象，主人可以找獸醫開抗焦慮藥，或者採取一些順勢療法。[1]

儘管短期內，食物和額外的關注有助於緩解貓的抑鬱或孤僻傾向，但不要讓貓變得更加挑剔或過於依戀。**貓是有規律的動物，儘量不要改變太多的規律，這會對貓造成額外的壓力**。如果缺席的同伴是一個人，那麼規律的改變將不可避免。如果可能的話，儘快建立並堅持一個新的規律，最好與舊的規律沒有太大的不同，這樣才能讓悲傷的貓一次只處理一個壓力因素，減輕牠的負擔。

有時，當一個人類同伴死後，貓必須被重新安置。除了喪親之痛，貓這時候還要面臨著家庭變化、同伴變化以及陌生的環境和氣味造成的額外壓力。不要指望這樣的一隻貓一開始就變得很活潑和友好。牠可能會隨處撒尿，可能會一直躲在床底，也可能會不願意吃東西。開始的時候，貓可能會對新的鏟屎官很冷淡，好像害怕這麼快建立新的關係。這時就需要新主人花時間和貓在同一個房間裡交談，如果可能的話，嘗試撫摸牠，這樣牠就會知道這個新的主人會成為自己生命中一個固定的存在。一旦牠開始打開心扉，接受新的鏟屎官，那麼可能會再次變成一個黏人精。

對人類來說，在該悲傷時不表現出悲傷的樣子會被認為冷血，但事實上並不是所有人都以同樣的方式感到悲傷。貓也是如此。一些「鏟屎官」會抱怨當有同伴去世時，他們的貓表現出「不適當」的快樂行為，好像在慶祝這一死亡。這時候要記住，貓的情緒和人類的不一樣，或許死去的那個同伴曾經欺負了這隻貓，或者牠們一直以來，只是容忍了對方的存在，而不存在任何友誼。在這種情況下，活著的貓就會因為消除了壓力因素而感到由衷的舒適。

1 homeopathy，一種綜合性的自然療法，主要以刺激身體自我修復力和提高生命力為目的。

03 毛小孩會嫉妒？其實是你想太多

對鏟屎官來說，一隻貓養久了，一定會產生感情。對貓來說，一個鏟屎官看久了，一定也會產生依戀，雖然前文提到若是鏟屎官不幸去世，貓會感到憂傷，有的還會悶悶不樂憤而絕食，但是前文也說了，貓很有可能為了滿足自己的食慾，而對鏟屎官的屍體下嘴。那麼問題來了，貓到底是有情感還是沒有情感的動物？牠們的情感和人類是一樣的嗎？

對人類來說，一些情感是作為動物的本能，如厭惡、憤怒、恐懼和欲望。另一些是在人類符合社會期望和遵循社會規範，從周圍的人身上學到的能力，比如同情和嫉妒。

那貓咪呢？牠們也一樣有這些基本和複雜的情緒嗎？許多鏟屎官會義正詞嚴的說這是當然的。貓會表現出一系列的感覺，包括快樂、沮喪，甚至嫉妒、挫折、好報復。鏟屎官的回答是基於對自家貓行為的觀察。貓雖然和人類長得不一樣，但基本的構建方式沒什麼區別，擁有許多和人類相同的感官，比如視覺、聽覺、嗅覺、味覺和觸覺。這些感官讓貓和人類一起適應了地球上的環境。

雖然人類有更好的視力，但貓有更好的嗅覺、味覺和聽覺。像人類一樣，貓也能感覺到熱、冷、痛。同樣是物理刺激，可以使人類和貓都產生生理反應，其中一些被稱為情緒。比如面對誘人食物時，若能飽餐一頓，那麼無論人或貓都會有幸福感。

然而，許多科學家對這種說法卻持反對態度，認為**動物只有非常有限的情緒反應**。他們認為人類喜歡擬人化，把人類的形象塑造投射到非人類的動物身上。**人類會根據自己廣泛的情感來解釋其他動物的本能行為，把牠們沒有的感覺強加於牠們身上。**

有些宗教教導人們，人比動物優越，動物沒有感覺。有些文化也曾否定動物是思維、感覺的實體。比如中文裡「動物」一詞，其詞意等同於「移動的東西」。打個可能不是很恰當的比方，在市場上出售的動物食材，在買菜人的眼中等同於沒有情感、會移動、能發音的「蔬菜」。

達爾文曾得出結論，動物確實有情感。人類和動物之間存在情感和認知的連續性，即動物之間沒有巨大的差距，只有程度上的差異，而沒有情感類型上的差異。雖然達爾文做了這樣的認定，但畢竟他所處的年代科學並不怎麼發達，因此之後的許多科學家往往在描述動物情感時會給描述詞打上引號。在這些人看來，動物的行為就像牠們感受到了這些情緒，但牠們實際上沒有這些情緒，情緒的屬性是擬人化的。

這些兩極分化的觀點究竟哪種才是正確的？為了找到答案，需要更為仔細的分析一下情感的產生機制，以及人類和貓是不是以同樣的方式產生了情感。為了理解情緒，科學家研究了情緒如何產生，以及它們與身體其他部分和外界的關係。

為了做到這一點，他們研究了大腦如何工作，通常是透過觀察單個腦細胞是如何相互連接，它們又是如何相互作用？以及當大腦的某些部分被故意或意外損傷時，會發生什麼事？

大腦包含神經細胞，它們透過突觸（synapse）交流。這種交流以生物電流的形式，從一個神經細胞的一端到達另一端，同時化學物質穿過神經細胞。透過測量生物電流和化學物質的水平，並透過干擾這些化學物質，研究大腦究竟如何工作。比如放置在大腦特定位置的電極，可以用來觸發特定的情緒，如果持續刺激杏仁核，動物就會感到恐懼，最終甚至死亡。在動物死後，牠們的大腦可以被解剖、切片和染色，以便在顯微鏡下觀察某些情緒是否導致大腦的永久性變化。

另一些科學家則著眼於大腦整體的運作方式，而不是解剖一個死去的大腦。他們用腦波圖（Electroencephalography）、磁共振造影（Magnetic resonance imaging）、電腦斷層掃描（Computerized Tomography）和正子斷層造影（Positron emission tomography）等技術監控大腦。

精神藥理學家則專注於藥物對動物行為的作用。他們給受試動物注射藥物，並測量牠們的行為和情緒變化。比如，深度睡眠時的快速眼動階段既與資訊處理有關，也與情感有關，注射干擾這一行為的化學物質，會導致動物變得易怒。

行為遺傳學家則有選擇的培育或用基因改造動物，以找出哪些基因與哪些情緒相關，以及這些基因是如何遺傳和被操縱的。他們在實驗室中培養出了一批性格懶散的老鼠，也培育出了一批精神高度緊張的老鼠。雖然沒有在實驗室裡進行嚴格的實驗，但貓的繁育也有著類似的成果：布偶貓的性格比較懶散、波斯貓的性格比較平靜、暹羅貓的性格則比較活潑。遺傳學家進一步研究了當某些身體特徵改變時，情緒會如何受到影響。事實證明，情緒涉及感覺器官、神經系統和身體其他部位的相互作用。

這些研究的結果並不指向同一個答案，但即使最不相信動物情感的科學家也同意，許多動物都會經歷恐懼。因為恐懼被認為是一種簡單的本能，不需要有意識的思考。恐懼是大腦的本能反應，因為逃避掠食者和應對其他威脅，對於動物的生存至關重要。比如，一些幼鳥看到頭頂上有老鷹的影子掠過，整個身體就會僵著不動，即使牠們從未見過真正的老鷹。

一九七〇年代，美國心理學家保羅·艾克曼（Paul Ekman）提出人類有六種基本情緒，包括憤怒、厭惡、恐懼、快樂、悲傷和驚訝。這些基本情緒涉及較低的大腦刺激，不需要認知加工。它們是本能的生存機制。如果人類必須花時間學習這些，那麼很可能會在完善這些情緒成為技能之前就被殺死。這些基本情緒，會在人類的大腦和身體中引起本能的反應。

例如，當一個物體朝一個人的臉飛去時，即使還沒有識別出這個物體，這個人也會下意識的躲開。這些基本情緒與人類特定的大腦區域、激素或化學反應有關。基本情緒對生存具有重大意義，保護人類免受不利條件的影響，使人類尋求有利條件。貓對相同或類似刺激的生理反應可能是相同的。

對鏟屎官來說，貓表現得最明顯的情感之一就是快樂。很明顯，當貓依偎在鏟屎官身邊發出呼嚕聲，或者樂此不疲的拍著逗貓棒時，一定是快樂的。玩耍是學習和磨練生存技能的重要組成部分，很實用也很有趣，否則一隻成年貓就不會費心去玩耍了。有研究顯示，在玩耍時，動物的大腦會釋放出「感覺良好」的激素，給動物一種幸福感。比如老鼠在玩耍時，牠們的大腦會釋放多巴胺，一種與快樂和興奮有關的神經遞質。

邊緣系統（Limbic system）是大腦中與許多情緒相關的部分。實驗證明，當動物或人感到沮喪時，邊緣系統會變得活躍。而若區域遭受損害，會導致動物或人產生具有攻擊性的衝動行為。從進化的角度來看，邊緣系統是大腦系統發育較古老的一部分，並不是人類獨有。因此，動物的情緒伴隨著大腦的生化變化。一些化學物質會引起牠們的警覺，並隨時讓動物準備逃離。另一些化學物質則會讓動物感到愉悅。

但是，動物是否有情感的問題，常常與動物是否有意識這一問題相混淆。比如，貓知道鏡子裡沒有貓，但還是會用爪子去拍鏡子裡的鏡像，而且不會認知到鏡子裡的鏡像就是自己。人類對動物有情感這一點可能會過度解讀，容易產生誤解，傾向於將人類的思想、動機和欲望投射到動物身上。這導致寵物被當作人類的小孩來對待，這些「小孩」應該愛人類並表示感激。貓可能確實愛著鏟屎官，並且感到感激，但這種感激並不以人類的感激方式所呈現，因為牠們沒有和人類一樣的意識。對貓來說，牠們可能只會表現為一隻快樂的貓，而不是去奉承鏟屎官。

貓愛搗蛋不是罪，是天性

人類很容易誤解貓的行為和意圖。當貓在床上小便時，人通常認為牠產生了「憤怒」和「怨恨」的情緒，或者在「報仇」，用來懲罰鏟屎官。其實，這是因為一些貓在鏟屎官不在時會變得緊張。**貓在床上或鏟屎官最喜歡的椅子上小便，可以混合貓的氣味和人的氣味，這種混合氣味會讓貓覺得安心。**

當鏟屎官度假回來時，**如果一隻貓把尿噴在行李箱上**，鏟屎官也會相信牠是在表達不滿。但其實**貓這麼做是因為，行李箱上有很多新的氣味，可能是其他動物的氣味，牠需要用自己的氣味來掩蓋這些別的動物留下的、令牠不快的氣味，重新確認牠對行李箱的所有權。**就像恐懼一樣，捕食在貓的大腦裡也是一種本能反應。貓有時會把獵物帶回家，鏟屎官會認為這是貓幫自己帶禮物回來了。但其實這是因為貓認為房子是自己的巢穴，是一個安全和休閒的地方，把獵物帶回家是一件再正常不過的事情。

雖然恐懼和快樂等情緒，對人類和動物來說是共同的，但是貓有沒有更為複雜的情感，比如「嫉妒」和「尷尬」這類社會情緒？要了解貓有沒有複雜的情感，應該先來了解如果貓有這些情感，那會有什麼作用？畢竟，在野生狀態下，所有的行為和情感都會提高個體的生存和繁殖機會，從而提高整個物種的生存機會。比如所謂「愛」，可以被不浪漫的認為是一種依戀，它將兩個個體結合在一起，並將一對或兩對父母與其後代結合，直到後代能夠獨立生存。因此，「愛」提高了個體和物種的生存機會。

鏟屎官往往會有這樣的經驗：一隻貓笨拙的從貓跳臺上掉了下來，然後牠會根據「鏟屎官」是否在場，或者是否正看著牠而採取不同的行動。鏟屎官往往會覺得貓這時候雖然裝出一副什麼事情都沒有發生的樣子，但其實內心非常「尷尬」。

對人類來說，尷尬與潛在的丟臉、失去地位或失去尊重有關。當人類發生尷尬的事時，往往會找一些藉口挽回自己的顏面。但對貓來說，牠不僅是捕食者，也是大型動物的獵物。此外，貓大腦中還編碼了為自己的領地和配偶，而與其他貓戰鬥的程序。因此，**如果牠顯示出任何軟弱的跡象，就可能會受到更年輕或更健康的競爭對手挑戰，並被驅逐出領地。因此，許多貓會隱藏疾病、受傷和疼痛的跡象。**一隻從架子上掉下來的貓會假裝這件事沒有發生，也就是說，牠沒有表現出任何弱點。

鏟屎官也經常會目睹貓的「嫉妒」表現。比如家中有了嬰兒後，有的鏟屎官會覺得自己的貓嫉妒嬰兒，並且打算傷害他。再比如，鏟屎官把另一隻小貓帶進家中後，原來的貓開始嫉妒的在床上撒尿。其實，貓的行為只是在保護自己的領地。作為一個新來者（不管是嬰兒還是新的貓），除非被鏟屎官小心翼翼的介紹，使其被貓接受為家庭成員，否則就很容易觸發貓的壓力行為。很少有貓對新來者做出熱情的回應，人類必須理解貓如何看待這個世界，並理解牠如何反應，而不是把貓的反應解讀為人類的情感。

當新來者出現後，鏟屎官的注意力一定會被分散。貓能夠感受到屬於自己的關注變少了，並且能聞到新的氣味、聽到新的聲音，在日常生活和環境中有了令其感到困惑的變化。

貓的生活規律一下子被打亂了，這會讓牠感到緊張和不高興。貓在床上小便是一種試圖用氣味標識領地，用以擊退入侵者的努力。貓把自己的氣味和主人的氣味混合在一起，彷彿在說：「我擁有這片土地。」

但如果出現的是一個嬰兒，貓往往不會對其產生過多的敵意。在大多數情況下，反而是嬰兒由於不懂貓的肢體語言，對貓做出

了威脅性的動作，比如拔掉皮毛或拉尾巴，這時的貓只好本能採取反抗措施。但在鏟屎官看來，這就是貓用爪子抓了寶寶。嬰兒哭了，父母一邊安慰他，一邊數落貓。

鏟屎官的內心一定會更偏向自己的群體，以致有時候一隻好奇的貓只是嗅了嗅嬰兒，就會被認為是一隻嫉妒的貓要發動攻擊。但是，**嫉妒和復仇是人類的情緒，而不是貓的情緒**。

動物必須適應不斷變化的環境。適應的方式可以分為兩種：第一種的速度可能是幾輩子，在這種情況下，適應是透過遺傳變異而產生；第二種的速度是一輩子，在這種情況下，動物是透過學習來適應的。貓的學習技能並不弱，因此牠們能夠和人類生活在同一屋簷下，並且能讓鏟屎官心甘情願的為牠們付出。但是，貓的這項技能也算不上特別強，因此很多人類覺得，理所當然的情感並不會出現在貓的身上，或者說不會以人類想像的那種方式表達出來。貓的感受必須基於牠們的需求和環境解釋，牠們的感受範圍相較於人類要有限得多，牠們對環境刺激的反應也與人類不同。

04 玩弄基因的一百種方法

選擇性繁育和基因的偶然突變，都能使熱衷繁育的人類獲得貓的更多特性。目前，貓有了不同的模樣、毛色和花紋，人類可以利用這些特性，有選擇的對貓進行混合和匹配，來創造新的貓品種。

大多數繁育者對貓出現的新奇特性，都會有一種欲罷不能的追求。舉個極端的例子，不乏有人孜孜不倦的追求著既短尾、又摺耳、還捲毛，甚至多趾的曼基康（Munchkin Cat）。一旦這種包含了奇特特性的品種被培育出來，繁育人就希望這種性狀能夠持續保持下去。為了穩定性狀，人類不得不讓這些貓近親繁殖。

近親繁殖是讓親緣關係非常密切的貓互相交配，例如母親和兒子、父親和女兒，或者親兄弟姐妹之間。**對繁育者來說，這是讓一個品種的性狀穩定遺傳下來的有效辦法。**其中擁有優秀性狀的個體會變成種公或者種母。如果小貓的父母雙方都遺傳了相同的基因，例如毛的長度和顏色，除非是隨機突變，否則出生的小貓一〇〇％都將繼承該基因。隨著時間的推移，所有近親繁殖的貓後代，都將繼承這些特徵的基因，繁殖者也可以預測其後代的長相。

近親繁殖，對貓是一種傷害

在這裡就需要了解一下在大自然中生存的遊戲規則。你一定不會否認人與人之間的交配十分重要，但人與猩猩之間的交配卻是不被允許的。如果人與猩猩的性交能夠產生一個混血的後代，那麼地球上的生物最終將混交為一種。一旦地球環境發生變化，令這種混交生物無法生存，此時又沒有其他物種，地球上的生物就會全部滅絕。正是因為環境適應能力不同的多種生物，同時存在於這個世界，當地球環境急劇變化時，才會有一部分物種適應新環境繼續生存下去。生物多樣性正是保證生命不至於滅絕的首要原因。

蟑螂誕生於四億年前，之後就一直保持著最初的樣子，直至今天。牠們也壓根沒想要和人類或者貓咪雜交，生出一個混血。你是你，我是我，各走各的路，即使環境的改變讓任何一方滅絕，剩下來的也要繼續活下去，為了地球上的生命存續，應當互相尊重。不過，你可不能跟我生小孩，你要和你同類的異性，我要和我同類的異性一起繁衍下一代。正是因為地球上的生物系統是這樣一種傳宗接代的方式，熱鬧的生物世界才得以存續。

以草履蟲為例。草履蟲是單細胞生物，大小為一公釐的十分之一左右。每個草履蟲都有一個胞口，當草履蟲之間進行交配時，就是口對口的交換細胞核（遺傳因數）。雙方交換遺傳基因時，「最初的遺傳基因」和「對方的遺傳基因」在同一個細胞內混合並重組，組成新的遺傳基因，進入彼此體內成為新的「核」。如果「最初的遺傳基因」和「對方的遺傳基因」兩者完全一樣，那麼在混合並重組後，就不會有什麼變化。

這時候出現了一種病毒。病毒無法依靠自己的力量增殖，它只能事先準備一串DNA，在接觸草履蟲的表面時用它來試圖進入細胞內部。如果這串DNA的密碼和草履蟲的不一致，便會被細胞拒絕。然而，一旦雙方的密碼偶然一致，病毒便可以侵入細胞，在草履蟲內部複製自身。它消耗草履蟲的營養，以驚人的速度複製。草履蟲自身的營養被病毒消耗殆盡，變得脆弱不堪，最終破裂。病毒從中湧出，看到附近原來有好多草履蟲的親戚，牠們的密碼也

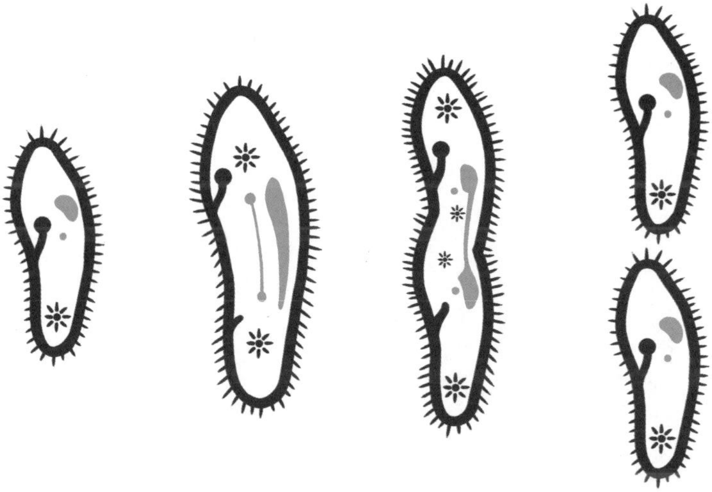

▲**圖 3-1**　草履蟲主要的生殖方式分為無性和有性生殖。其中，無性生殖就是從身體中央凹縮，分裂成兩隻草履蟲，這兩隻草履蟲會各自生長出自己所缺陷的構造。

都一模一樣，於是……。

阿古屋珍珠是日本最具代表性的一種珍珠，有「和珠」之稱。這種珍珠顏色多樣，其中以淡粉色最為名貴。為了保持粉色珍珠的美麗色澤，日本人不讓產生這種珍珠的母貝阿古屋貝和其他貝種雜交，這使得阿古屋貝的免疫密碼逐漸變得一致。後來，破解這種密碼的病毒出現，導致阿古屋貝的母貝存活率降低，曾經一度瀕臨滅絕。

這並不是說近親繁殖在自然中不會發生。由於地理等因素，特別是如果一個占優勢的雄性與牠的姐妹交配，然後與牠的女兒和孫女再交配，那麼當牠被「廢黜」時，很可能是牠自己的兒子或孫子繼續近親繁殖。

和貓同屬於貓科動物的獵豹，就處於這種尷尬的境地。獵豹現在的某一對遺傳基因已有一萬年，造成個體之間具有相似的免疫類型。同樣的，缺乏基因多樣性使牠們容易患病，極端近親繁殖減少了牠們產子的數量，提升了死亡率。一旦有能夠破解牠們免疫密碼的病毒出現，獵豹很有可能會立即從世界上消失。儘管研究人員使用放射線照射獵豹的精巢，試圖幫助牠們創造出擁有新免疫密碼的遺傳基因，卻成效平平。

回到貓來說，自然隔離和近親繁殖也產生了新的貓品種，比如曼島貓，這個島上的貓雖然偶爾也和大陸上的貓交配，但無尾基因變得非常普遍。與這種奇異特性相伴的，是曼島貓異乎尋常的高死產率和脊柱異常。

大多數繁育人都了解近親繁殖的潛在陷阱，但繼續使用一、兩個緊密相關的血統來保存或改進品種貓，依舊有著巨大的誘惑力。在貓的基因組中，一些區域被認為是突變的「焦點」，例如短腿、短尾、捲毛和無毛的突變。當從一個吸引人的突變中創造一個新品種時，最初的基因庫必然很小，有親緣關係的貓之間經常交配。

一九六〇年的某一天，英國德文郡（Devo）的一位女士在一口廢井旁，發現了一窩小貓。其中有一隻小公貓和其他貓長得都不一樣，牠的皮毛捲曲，樣子十分特殊。這隻基因變異的貓，就是世界上第一隻德文捲毛貓，為了留住這隻新奇的貓，人類開始對初代德文捲毛貓的後代進行廣泛繁育。

在這一過程中，不少貓罹患了一種叫做「痙攣病」的遺傳性基因病，它幾乎讓德文捲毛貓這個品種從歷史上消失。最後，在幾國科學家的共同努力下，健康德文捲毛貓的血系才得以穩定發展，直至今天。差不多劇情的故事也發生在斯芬克斯貓的身上。

所以，玩弄基因是一把雙刃劍。一方面，**一定數量的近親繁殖可以穩定和改良品種，產生優質的貓**（以人類的審美標準而言）；另一方面，**過多的近親繁殖一定會限制基因庫，使品種失去活力**。處於品種開發早期的貓是最脆弱的，因為牠們的數量很少，而且彼此之間可能有密切的親緣關係。因此，繁育人不僅需要站在科學的角度，更要摸著自己的良心來平衡近親繁殖與雜交的比例，以保證盡量給貓一個健康的貓生。

05 如何複製一隻貓

二〇〇二年二月十四日，美國德克薩斯農工大學（Texas A&M University）的科學家公開宣布世界上第一隻「克隆貓」（Cloned Cat）誕生，名叫 CC[2]（請掃描圖 3-2 QR Code）。

▲圖 3-2　全球第一隻克隆貓 CC。

如果你看過電影《侏羅紀公園》（*Jurassic Park*），一定對克隆技術不陌生。電影中虛構了人類運用克隆技術來復活恐龍的情節，哈蒙德博士（John Hammond）透過一顆來自中生代的琥珀提取到恐龍血液，再以克隆技術重新創造上古時代的恐龍群體，建立了「侏羅紀公園」。

三千多年前，澳洲及新幾內亞島到處可見一種叫做「袋狼」（Thylacine，見左頁圖 3-3）的動物。袋狼並不是一種老虎，而是一種接近袋鼠類的動物，是澳洲最大的食肉有袋動物，因為身上有斑紋，所以又被稱為塔斯馬尼亞虎。這種動物後來因為在自然界中的競爭能力不強，退居到了澳洲南部的塔斯馬尼亞島（Tasmania）。

十九世紀初，歐洲人來到了塔斯馬尼亞島，並開始養羊。當地政府後來以袋狼攻擊羊群為理由，懸賞捕殺牠們，使牠們數目大減。一九三六年，最後一頭袋狼在霍巴特動物園（Hobart Zoo）中死去。

沒過多久，澳洲博物館宣布，他們成功的從滅絕的袋狼標本中提取出部分DNA，並加以複製，有媒體開始宣稱「克隆滅絕動物有望成功」。

那麼CC的出生，是不是也基於一根貓毛或者一滴貓血？很遺憾，真正的克隆技術可不是這麼一回事，無論是恐龍還是袋狼，以人類孜孜不倦向前探索的克隆技術來說，離復活都還有著十萬八千里的路程。在克隆技

2 Copy Cat 的簡稱。

▲**圖 3-3** 袋狼，現已全部滅絕，是近代體型最大的食肉有袋類動物，和其他有袋動物一樣，母體有育兒袋，產下不成熟的幼獸，在育兒袋中發育。（圖片來源：維基共享資源〔Wikimedia Commons〕公有領域。）

術的背後，是一個對生命最基本的疑惑。人們很早就認識到所有的動物都是由細胞組成的，以及所有的細胞都來源於一個受精卵。然後細胞從一生二、二生四、四生八……在細胞分化過程中，裡面的遺傳物質並不曾發生改變，但為何不同的細胞最後組成了完全不同的器官？

一八八三年，德國進化生物學家奧古斯特．魏斯曼（August Weismann）提出了一個假說來解釋這個現象：細胞每分裂一次，遺傳物質就減半，含有不同遺傳物質數量的細胞，就變成不同形態的分化細胞。

這個假說沒過多久就被實驗所推翻。到了一九二八年，英國生物學家弗雷德里克．格里菲斯（Frederick Griffith），首次提供了可以證明DNA是生物的遺傳物質的證據，遺傳學的研究開始從孟德爾時代的宏觀實驗，逐漸發展為分子級別的微觀實驗。人類意識到DNA序列決定了生物的表現型。

不久，生物學家慢慢發現，有時DNA序列相同卻可能出現不同的表現型。原來，DNA序列並不是獨立起作用的，而是和蛋白質、RNA組成了一個叫做「染色質」的精密結構，也是構成染色體的結構。DNA、RNA和蛋白質上面存在一些額外的基團[3]，如甲基、乙醯基等，被稱為「修飾」。「修飾」可不是裝飾品，它們會隨著細胞狀態的改變而改變，也會反過來影響細胞的狀態。

很多「修飾」還可以在細胞分裂的過程中複製到子代細胞，這些發現逐漸形成了一門新的學科，被稱為「表觀遺傳學」（epigenetics）。簡單的說，表觀遺傳就是不依賴於DNA序列的遺傳，它包括多個各自獨立又相互關聯的部分，例如，DNA甲基化（DNA methylation）、組織蛋白修飾（Histone modifications）和RNA編輯（RNA editing，為核糖核酸編輯的簡稱）等。舉個例子，人類的同卵雙胞胎儘管有相同的DNA序列，但人們還是會從他們身上找到一些細微的差異，這正是由於表觀遺傳現象的存在。

細胞的分化過程，在本質上也是一個表觀遺傳因素發生作用的過程。當一個細胞向不同方向分化時，相應的轉錄因子被啟動，然後結合特定的DNA序列，並改變相應的染色質狀態，從而改變基因表達的狀態。這個過程還可以改變其他轉錄因子的表達，形成級聯效應，最終驅動細胞向相應的方向改變。因此，**想要克隆出一隻貓，人類需要的不是一滴貓血或者一根貓毛，而是需要包含了所有具有形成完整個體的分化潛能的細胞，也就是「全能幹細胞」（Totipotent stem cell）。**

克隆貓CC的誕生，使用的是被稱為「體細胞核移植」（Somatic cell nuclear transfer）的技術。這個方法需要兩個活細胞：提供遺傳基因的幹細胞，稱為供體細胞

3 化學中對原子團和基的總稱。

（donor cell）；以及未曾受精的卵子，稱為卵母細胞（Oocyte）。科學家先把卵母細胞的細胞核去除，然後把供體細胞的細胞核植入。如果細胞存活，待其發展到適當程度，這個胚胎便會被轉移到一隻代孕雌貓的體內。這個胚胎在代孕媽媽的肚子裡長大。由於生物基因訊息都儲藏在細胞核中，如此一來，供體細胞基因會完全取代卵子的基因，孕育出來的後代，基因特點將與供體完全相同。

CC的體細胞是由一隻叫做「彩虹」的成年玳瑁色母貓所提供的。CC的誕生是基於一百八十八次胚胎培育嘗試，其中八十七個克隆胚胎被製成，並移植到八個代孕母貓身上，其中兩次母貓成功懷孕，但只有CC

存活下來，並長成了一隻活潑可愛的小貓。

即使複製，性格、外表未必相同

既然是克隆，按理說CC應該長得和「彩虹」一模一樣，但事實上CC和「彩虹」長得完全不一樣，牠是一隻黑白相間的虎斑貓，甚至牠的後代中也沒有和「彩虹」相同的毛色。

這種「大相逕庭」的克隆結果並不是其中某一個環節出現了偏差，躲在後面的「罪魁禍首」就是之前所講的「X染色體去活化」機制。對母貓來說，牠的性染色體中並不需要兩條X染色體，只要有一條就足夠存活。所以在雌性中，貓只有一條X染色體會被轉錄翻譯產生蛋白質，表現遺傳特性，而另一條則是沒有用的。至於是哪一條工作，哪一條歇著，沒有什麼選擇的邏輯，是隨機決定的。在CC身上，橙色基因正好活化了，因此牠就成了一隻黑白相間的貓。

據說CC的性格也與牠的母親非常不同，關於性格的影響可以追溯到代孕貓的子宮。其中的道理很簡單，不同的子宮會給小貓不同程度的營養供給。營養不良的貓媽媽所產的小貓會出現大腦缺陷，導致爬行、吃奶、睜眼、攀爬、玩耍和捕食行為發育遲緩的問題。即使在相同的子宮環境中，小貓的發育也會有所不同。如果一個子宮裡出生了兩隻公貓和一隻母貓，那麼這隻母貓早期就會受到睪酮的影響，這將導致牠的大腦較為男性化。

這一理論在狗的身上得到了驗證，在這種情況下出生的小母狗更有「假小子」的傾向，有些會抬起腿小便。一旦小貓出生，牠們所處的環境就變得更加多樣化，差異也會迅速擴大。這也是為什麼ＣＣ後來自然懷孕出生的三隻小貓，也有著非常不同的性格。

因此，即使克隆技術真正得到了商用，某個「鏟屎官」正好又保留著自己愛貓的骨髓、內層皮膚等幹細胞，依舊不可能再複製出記憶中的那隻貓。

06 歷史上那些有特殊任務的貓

按道理來說，貓咪身手矯捷、嗅覺靈敏，應該是當警貓的一把好手，和警犬一起在緝毒和搜救工作中發光發熱。然而，貓卻只會在鏟屎官面前「賣萌」和在街上遊蕩，牠們內心可沒有什麼所謂的事業心，所以執行任務的效率非常低下。

在歷史上，艦貓一度活躍在船上。很早以前艦船都是木製的，艦上常生鼠患，而老鼠天性愛用木頭磨牙，可以說是艦船的死敵。而貓是老鼠的天敵，在艦上養貓可以有效防治鼠患。雖然後來軍艦進入了鋼鐵時代，但在軍艦上養貓的傳統卻保留下來，艦上的貓不但可以被用來在廚房抓老鼠，還能為無聊的遠洋生活增加樂趣。

在歷史上，有一隻軍貓曾獲得過大名鼎鼎的「迪金勳章」（Dickin Medal）。迪金勳章是英國頒發給在戰爭中表現傑出的動物們的勳章，被稱為「動物的維多利亞十字勳章」。英國皇家海軍遠東艦隊「紫水晶」號軍艦（HMS Amethyst）上有一隻名叫西蒙（Simon）的貓，綽號叫「西蒙將軍」（請掃描下頁圖 3-4 QR Code）。

西蒙是在一九四七年初，「紫水晶」號停靠在香港補給時被船員帶上船的，因為可以保護軍艦上的糧食免受老鼠的禍害，成為船上的吉祥物。一九四九年四月二十日，在一場炮戰中西蒙受了傷，「紫水晶」號被困在長江期間，艦上老鼠成災，西蒙康復後在艦上抓老鼠，鼓舞了艦員的士氣。西蒙因此被艦長推薦，獲得了迪金動章。這也是至今為止，唯一一隻拿到迪金動章的貓。

除了艦貓，一些軍事機構希望利用貓體形小、行動隱蔽的特點協助他們執行任務，尤其是間諜任務。美國中央情報局在一九六〇年代曾經啟動過一個名為「Acoustic Kitty」（竊聽貓）的專案，監視他國大使館。在長達一小時的手術中，他們在貓的耳道中植入了一個麥克風，在貓的頭骨底部植入了一個小型無線電發射器，在貓的皮毛上植入了細細的電線，讓貓能夠記錄和傳輸來自周圍環境的聲音。

▲圖 3-4　西蒙是至今為止，唯一一隻榮獲迪金勳章的貓。

第一隻竊聽貓的任務是，在他國駐華盛頓特區大使館外的公園裡，偷聽兩名男子的對話。這隻貓在附近被釋放，但運氣極其不好，還沒跑到公園就被一輛計程車撞死了。出師不利後，美國中央情報局重新評估了這個計畫，認為訓練貓按要求行動實在太困難，決定放棄這個專案。剩下的貓再次動了手術，將被植入的設備從身上取了下來。

自己的罐罐自己賺

在現代，雖然沒有真正的警貓，但是所謂的「工作貓」還是存在的。工作貓一般的職責是捕捉老鼠。世界各地的一些穀倉、農場、工廠、倉庫、商店、教堂、圖書館、博物館、郵局等機構或場所，都會透過飼養貓來抑制鼠害。

比如，在英國唐寧街十號首相官邸任職的貓，有著「內閣辦公室首席捕鼠大臣」（Chief Mouser to the Cabinet Office）的頭銜。這隻貓叫做賴瑞（Larry）。賴瑞是一隻有著雪白肚皮的虎斑貓，從二〇一一年二月十五日起擔任捕鼠大臣。當時唐寧街十號老鼠橫行，於是當時的首相引貓入駐解決鼠患。二〇一六年，大衛・卡麥隆（David Cameron）辭去首相職務，賴瑞並未因此而離開。卡麥隆解釋說，賴瑞是公務員，而不是個人財產，所以不會隨著首相的改變而離開唐寧街十號。因此，賴瑞會繼續擔任首席捕鼠大臣，任期終身。

但這位捕鼠大臣並沒有盡心盡責，經常懶散度日，任由老鼠在眼前流竄，而繼續睡大覺。有一次牠還被攝影師捕捉到這樣的一幕：賴瑞明明抓到了一隻小老鼠，然後又放開了牠，最後任憑小老鼠從眼前溜走。英國政府目前除了有職務的賴瑞外，財政部也有一隻黑色短毛貓，叫格萊斯頓（Gladstone），外交部養了一隻黑白貓叫帕默斯頓（Palmerston）。不過在這麼多的貓之中，最受歡迎的還是賴瑞，牠有著一個非官方Twitter 帳號，擁有八十多萬粉絲（請掃描圖 3-5 QR Code）。

在美國，一些動物保護團體也小範圍的實施了工作貓計畫，將流浪貓訓練為工作貓。比如，美國芝加哥市已連續六年獲得「老鼠之都」的稱號，每當夜晚降臨，老鼠們就開始蠢蠢欲動。這些橫行的鼠客不僅破

▲圖 3-5　賴瑞的非官方 Twitter 帳號，擁有八十多萬粉絲。

壞商品，還會帶來疾病病毒，使當地居民不勝其擾。酒廠的員工表示：「晚上在工廠倉庫熄燈後，就看到這些不請自來的鼠客，在天花板和你四目相望。長達三十公分的老鼠狠狠瞪著我，似乎在說：『還不走嗎？鼠大人我可是餓了。』讓人不禁一身惡寒。」

「樹屋」（Tree House Humane Society）是一個在美國國內以不籠養、反撲殺的理念設立的動物保護機構。「樹屋」所經手的流浪貓中，許多都能找到自己的家。然而其中還是有性情不願受拘束，即使花上一輩子，也無法習慣和人類共同生活的流浪貓。為此，「樹屋」便啟動了一個新計畫，將那些野性難馴、還未有家庭領養的貓，送到鼠害猖獗的工廠及公司機關內飼養。

雖然工作貓計畫的貓是被派去抓老鼠的，不過福利相當不錯。為了讓貓熟悉新環境，「樹屋」的工作人員會將狗屋改造成貓公寓，在裡面準備好廁所、貓抓板及玩具等貓生活用品，並且由機構的志工定期去照顧牠們。對貓來說，熟悉新環境大約需要四週的時間，每日需要餵食兩次，並且生病時需要讓牠們接受專業、完善的治療。對公司來說，一次聘請三隻貓大約需要花費六百美元[4]。

4 美元兌新臺幣的匯率，以二〇二三年三月，臺灣銀行公告之均價三十．七七元為準，此約新臺幣一萬八千四百六十二元。

雖說貓是捕鼠的好手，但並不代表牠們是捕鼠的積極分子，尤其是在衣食無缺的情況下。牛津大學（University of Oxford）的動物學家做了個實驗，結果發現只有在限定區域內投入大量的貓，才可能杜絕鼠患，而且還得時不時給予貓獎勵，貓才有動力捕鼠。不過，貓即使不去捕捉老鼠，到處溜達的天性也會讓牠們在各個地方留下味道，老鼠感受到貓遺留下來的氣味後也會收斂一些。

中國新疆地區一直深受草原鼠患困擾，嚴重的區域甚至寸草不生，導致當地居民飼養的羊無草可吃。當地居民除了借用老鷹及狐狸等動物幫助滅鼠外，近年來，也開始借助鄰近城市中流浪貓的力量。相比之下，貓的性情控制和馴服成果比鷹和狐狸都要穩定，草原鼠害漸漸在流浪貓的幫助下得到控制。

在臺南，當地政府推廣了「零安樂死」政策，他們將捕捉到的流浪貓派遣到農家，用這些貓驅退危害農作物的田鼠，保護農產品。農民紛紛表示，貓的捕鼠成果不錯，田鼠橫行的狀況得到了極大的控制（相關新聞請掃描圖 3-6 QR Code）。

▲**圖 3-6** 引進捕鼠貓降低農損報導。

07 貓咪咖啡廳，這是愛牠還是害牠

貓咪咖啡廳（下文簡稱貓咖）似乎是一種新鮮事物，幾年的時間內，很快就在大都會區紛紛開張。

作為咖啡廳，顧客在那裡可以喝一杯飲料或吃點東西，而周圍的貓可以在房間裡自由移動。貓咖力圖在人與動物之間建立一種幸福的關係。這種關係在高速運轉的現代都市中往往是缺乏的，雖然中國的大多數住宅樓並不限制飼養寵物，但是由於生活節奏過快，很多年輕人在經濟和精力上並不能承擔相應的付出。因此，貓咖把人類與貓有關的互動搬離了家，搬進了店。

貓咖這一空間，可以說是一種從現實中特別被剝離出來的存在。在有限的一段時間內，人類在這裡獲得一種自己的期待被滿足的經驗，然後離開這一空間後依舊能保持正常的世俗關係。進入這一空間有時需要遵循特定的儀式，比如貓咖要求顧客進入時，必須脫掉自己的鞋換上店裡的拖鞋，還要洗手或消毒。

這種儀式與人類平常的做法相矛盾。通常，在觸摸動物後洗手是一項良好的衛生習慣。但在貓咖這一空間中，貓已經不再只是動物那麼簡單，而是在文化上被賦予了價值，是某種被神聖化的對象。貓不再是潛在的細菌載體，而是一種象徵著一定純潔性的存在，不能被汙染。在這個精心編排的空間中，還存在著各式各樣的明確規則：有些貓咖禁止狗和兒童入內、有些貓咖禁止相機閃光燈，或者禁止向貓提供人類食物。

有的貓咖會提供給客人一些小冊子，裡面包含貓的一些紀錄，比如照片、名字、年齡、品種，以及牠們的一些故事。一方面，貓咖提供了一個人與貓和諧共處的空間；但在另一方面，它也試圖在貓和顧客之間建立直接關係。比如讓客人認為自己並不是簡單的在逗貓，而是與一隻特定的貓建立特殊的情感

紐帶。在這些小冊子中，對動物的介紹往往在兩個不同的方面來影響客戶的心理：一方面，貓咖中的一些貓也許是純種和稀有品種，重點放在對人的審美影響上；另一方面，其中一些貓是被領養和被救助的，從而激發顧客的憐憫和同情之心。

不過，有些貓咖老闆為了充分利用貓的情感和感官品質，吸引特定的貓咪愛好者，打造固定的顧客群體，會專門經營擁有某些品種（例如挪威森林貓、布偶貓）或特定年齡類型（僅限於小貓）的貓咖，將自家貓咖與其他貓咖區分開來。

在貓咖這一空間中，裝飾設計往往也有著與眾不同之處。一方面，有一些地方可以複製「自然」，通常使用樹脂和合成橡膠等材料，製作假木屋、樹木等裝飾，展現出一種模擬出來的自然環境。在這種情況下，貓是自然的一部分，這表示牠們的本性可以追溯到野外，貓擁有野性。另一方面，貓咖也需要呈現出一種文化景觀，比如有經典咖啡館該有的桌子、椅子和櫃檯，但使用天然材料（木材、石頭等）。在這種情況下，貓又被視為城市寵物，可以在人類的枕頭之間騰挪，可以凝視窗外的景色，甚至使用平板電腦觀看影片來娛樂自己。

顧客可以觀看貓伏擊玩具老鼠的場面，或自己嘗試跟牠們玩耍，然後或多或少吃一些店家出售的食物，從中得到內在的放鬆。在這個奇異的空間中，不僅貓需要被人類餵養，人類也是需要被貓餵養的。

貓咖這種奇異的空間在中國沒有出現太久，但在一九九〇年代時，臺灣就有了，後來被引進日本，在日本特別受歡迎，在二〇〇九年達到了頂峰，至今依舊未顯頹勢，並從此在世界各地傳播開來。

二〇一二年上映的電影《吉貓出租》中的主人公佐代子有這麼一句臺詞：「當你孤獨時，貓是最善於傾聽的。」佐代子是一位富有創業精神的年輕女性，住在她已故的祖母家裡，家裡到處都是貓。為了有效的利用似乎占領了這座房子的貓群，佐代子設計了一個商業計畫：把貓租給孤獨的人。

她的客戶包括一位年老的寡婦、一位因工作性質而與家人分居的商人、一位汽車租賃公司的年輕單身女店長，以及與佐代子久別重逢的中學時代男同學。電影透過人與動物的互動，特別是與貓的互動，來實現人類內心渴求治癒的願望。貓咖的存在其實就是短暫的出租貓，售賣其情感勞動，這種勞動的產物就是對顧客的療癒，讓顧客感到放鬆和產生平靜的感覺。

療癒後的焦慮

儘管圍繞貓咖行銷的討論是「療癒」，但在動物權利運動和動物保護組織中，普遍存在對這種商業形式的反對聲音。貓咖往往活躍在夜生活區，會營業到很晚，貓被迫在明亮的燈光下保持清醒，並且在顧客的持續關注中承受過度的刺激。

在晚上下班後，很多貓咖中的貓並不會直接在店內就寢，而是被帶到附近的房子裡。因為如果這些貓睡在咖啡館裡，牠們第二天在營業時間裡就會不快樂。這代表著貓所付出的情感勞動，對牠們的身體和心靈有一定的影響。有時候，新來的小貓只能在滿是顧客的咖啡館裡待上半天。有些貓會在咖啡館工作和休假之間輪換。在這裡，休假意味著，在附近的公寓或者咖啡館的後屋裡，待上幾天到一週。

由於貓咖的實質在於顧客為與貓的直接接觸付錢，因此對貓來說，牠們的這份工作自然就帶上了剝削性。大多數貓咖都會提供禮儀指南，指導顧客不要叫醒熟睡的貓，含蓄的告知顧客貓是夜間活動的動物。然而，貓咖的員工並不會真的責罵顧客，或勸阻他們不要愛撫或以其他方式騷擾熟睡的貓。相反，貓經常在白天被叫醒，並被放在等待著的顧客周圍。

貓咖在亞洲普及開來是經濟日益非物質化的一個有趣現象，在這一時刻，社會關係變得越來越商品化和私有化。貓成了一種情感對象，顧客可以透過貓接受「治療和刺激」來應對自身的負面情緒。

事實上，貓咖可能滿足了人們對親密關係的渴望，不是那種家庭生活式的親密關係，而是一種更為靈活，人可以自由進入和建立連接，也隨時可以斷開和離開的關係。簡單的說，在貓這個理想的非人類演員的付出下，貓咖的存在就像是一個去除了責任、負擔、零碎雜事的理想化的家。

第四章

記載在人類歷史典籍上的貓

01 家中萌寵，野外殺手

國際自然保護聯盟（International Union for Conservation of Nature and Natural Resources）物種存續委員會（Species Survival Commission）的入侵物種專家小組，曾發布了一份**「世界百大外來入侵種」**列表，時至今日一直收錄在全球入侵物種資料庫中。或許你不相信，平常在你眼中軟萌可愛的**家貓，正是這百名大將中的一員，被稱為「生態殺手」**。

什麼是「入侵物種」？如果一個物種經人為引入一個其先前不曾自然生存的地區，並有能力在無更多人為干預的情況下，在當地發展成一定數量，以致威脅到當地的生物多樣性，成為當地公害，就可被稱為「入侵物種」。

這樣的定義似乎跟貓給人類的印象非常不一樣。一直以來，貓作為一種被馴化的動物，長時間存在於人類家中和家門外的世界，隨著人類走到世界各角落，貓也就變成了某些地域的外來物種，而作為動物，消耗自然資源也在所難免，但貓的存在，真的威脅到當地的生物多樣性嗎？甚至入圍「世界百大外來入侵種」這樣的榜單？

家貓和其他很多被馴養的家畜並不相同，作為寵物的家貓即使走入了人類社會，也仍然對野外有著不差的適應能力。一隻放養的寵物貓，即使做了絕育手術（不會為了追求異性而狂奔）、有主人提供充足的貓糧，牠依舊可以每天在外遊蕩近二十四平方公里的區域。你能想像牠在漫步時做了什麼嗎？目前，關於貓殺害小動物的研究，已經累積了許多成果，這些成果無一例外的指出，**貓的活動對一些野生動物的生存有著重大的威脅，其中又以小型哺乳動物和鳥類最為嚴重**。

英國布里斯托大學（University of Bristol）的科學家在二〇〇三年發表了一篇報告，他們對一千四百個養貓家庭進行了為期五個月的追蹤，發現在追蹤期間，平均每隻貓叼了十六．六隻動物回家。若以英國家貓總數估計，不到半年的時間可能就有九千萬隻小動物受到傷害。

二〇一三年，義大利羅馬大學（Sapienza-Università di Roma）的科學家曾分析了四個野生

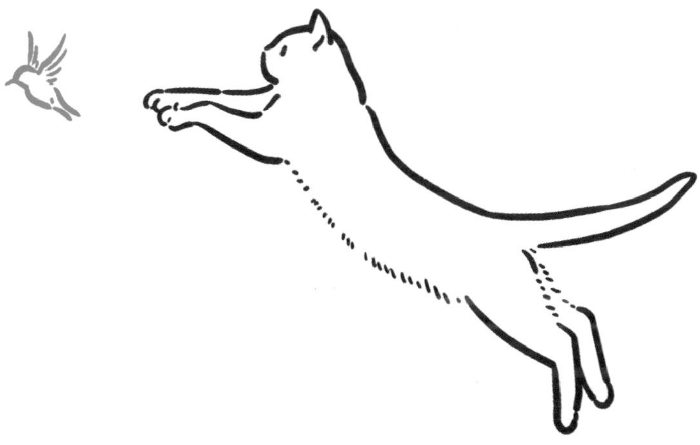

動物救援中心收治的一千零一十二隻蝙蝠的紀錄，發現貓的捕食，是致使蝙蝠受傷的首要原因，占了救援中心收治成年蝙蝠紀錄的二八．七%。

史密森尼保護生物學研究所（Smithsonian Conservation Biology Institute）和美國魚類及野生動物管理局（U.S. Fish and Wildlife Service）的學者，在《自然通訊》（*Nature Communications*）雜誌上估算了貓每年在美國的戰績：自由放養的貓科動物每年殺死十三億至四十億隻鳥類，和六十三億至兩百二十三億隻哺乳動物。

為了控制流浪貓的數量，愛貓人士和許多國家的動物保護團體都提倡進行誘捕、絕育、回置計畫（Trap Neuter Return，簡稱TNR）。二〇〇二年至二〇〇四年，加利福尼亞州立大學（California State University）的

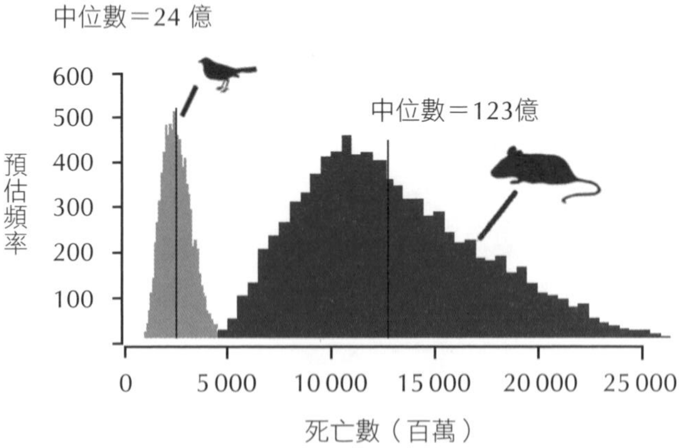

▲**圖 4-1**　預估家貓每年在美國引起的鳥類和哺乳動物死亡數量。

研究人員在聖卡塔利娜島（Santa Catalina Island）上曾經開展過一次TNR行動，預想是對全島的七百多隻流浪貓中的一部分進行絕育手術，然後研究絕育後的動物行為。

然而在執行過程中，他們發現了一個意想不到的事情，少量流浪貓的絕育並不會對整體貓群的數量造成影響，而且絕育也並不影響流浪貓的移動和捕食。有意思的是，他們對流浪貓進行了絕育，這些貓的平均壽命因此而延長，可以說TNR無法減輕野化家貓對野生動物的威脅，甚至與保護脆弱物種，和恢復原生態系統的努力背道而馳。

當野貓變成滅絕物種的殺手，還餵嗎？

除了這些研究，貓在歷史上也留下了斑斑劣跡。不知道你有沒有聽過史蒂芬島異鷯（*Xenicus*〔*Traversia*〕*lyalli*）這種鳥？是不是很陌生？因為牠們已經滅絕了，全世界只剩下十五個標本。史蒂芬島異鷯原本是紐西蘭史蒂芬島的一種雀，不懂得飛行，主要吃昆蟲。但是當一隻貓隨著燈塔的看守者來到史蒂芬島，並繁殖出野化家貓群體後，這種不會飛的小鳥就遭受了滅頂之災，在一八九五年徹底滅絕。

另一個非常類似的故事則發生在索哥羅鳩（*Zenaida graysoni*）的身上，牠是鳩鴿科動物的一種，是位於太平洋雷維利亞希赫多群島中索哥羅島（Socorro Island）上的特有種。貓跟著人類來到了島上，致使索哥羅鳩於一九七二年在島上滅絕，目前全世界人工馴養的純種個體據估計少於一百隻。

除了鳥類外，貓的滅絕戰績中也有哺乳動物的影子。胸甲硬毛鼠（*Geocapromys thoracatus*，又名小斯旺島牛鼠）是分布在宏都拉斯東北部天鵝群島的硬毛鼠。牠們行動遲緩，外觀像豚鼠，但是由於貓的入侵，現在也只剩下標本。

有沒有發現，上面的這些滅絕故事都是發生在島嶼上，這是由於島嶼天然的地理隔絕，使得島上的物種滅絕很容易被記錄。而在大陸地區，貓對野生動物的捕食情況比較難以追蹤調查。根據二〇一一年的統計，**貓已經在全世界範圍內的島嶼上，造成了三十多個物種的滅絕**（見表4-1）。

▼**表4-1** 三十三種被貓滅絕的島嶼物種。

種類	中文名	學名	島嶼
爬行動物（2種）	納弗沙卷尾鬣蜥	*Leiocephalus eremitus*	納弗沙島（美國）
	聖斯特凡諾島壁蜥	*Podarcis siculus sanctistephani*	聖斯特凡諾島（義大利）
	查塔姆吸蜜鳥	*Anthornis melanocephala*	查塔姆島（紐西蘭）
	查塔姆蕨鶯	*Bowdleria rufescens*	查塔姆島（紐西蘭）
	查塔姆小秧雞	*Cabalus modestus*	查塔姆島（紐西蘭）

（接下頁）

鳥類（22種）	瓜達盧長腿兀鷹	*Caracara lutosa*	瓜達盧佩島（墨西哥）
	笠原朱雀	*Carpodacus ferreorostris*	小笠原群島（日本）
	北島沙錐	*Coenocorypha barrierensis*	小巴里爾島（紐西蘭）
	瓜達盧佩北撲翅鴷	*Colaptes auratus rufipileus*	瓜達盧佩島（墨西哥）
	夏威夷烏鴉	*Corvus hawaiiensis*	夏威夷島（美國）
	麥島鸚鵡	*Cyanoramphus novaezelandiae erythrotis*	麥覺理島（澳洲）
	冕鳩	*Microgoura meeki*	舒瓦瑟爾島（索羅門群島）
	斑唧鵐	*Pipilo maculatus consobrinus*	瓜達盧佩島（墨西哥）
	夏威夷秧雞	*Porzana sandwichensis*	夏威夷島（美國）
	白領海燕	*Pterodroma cervicalis*	拉烏爾島（紐西蘭）
	紅冠戴菊	*Regulus calendula obscurus*	瓜達盧佩島（墨西哥）
	笑鴞	*Ninox albifacies*	斯圖爾特島（紐西蘭）
	火冠蜂鳥（亞種）	*Sephanoides fernandensis leyboldi*	亞歷山大塞爾扣克島（智利）
	比氏葦鷦鷯（亞種）	*Thryomanes bewickii brevicauda*	瓜達盧佩島（墨西哥）

（接下頁）

	史蒂芬島異鷯	*Traversia lyalli*	史蒂芬島（紐西蘭）
	紐西蘭鶇鶲（亞種）	*Turnagra capensis minor*	史蒂芬島（紐西蘭）
	叢異鷯	*Xenicus longipes*	史蒂芬島（紐西蘭）
	索哥羅鳩	*Zenaida graysoni*	索哥羅島（墨西哥）
	啟利氏地鶇	*Zoothera terrestris*	小笠原群島（日本）
哺乳動物（9種）	貝氏剛毛囊鼠	*Chaetodipus baileyi fornicatus*	德克哈托格島（澳洲）
	胸甲硬毛鼠	*Geocapromys thoracatus*	小斯旺島（宏都拉斯）
	達爾文稻鼠	*Nesoryzomys darwini*	聖克魯斯島（厄瓜多）
	山稻鼠	*Nesoryzomys indefessus*	聖克魯斯島（厄瓜多）
	加拉帕戈斯稻鼠	*Oryzomys galapagoensis*	聖克里斯托巴島（厄瓜多）
	納氏稻鼠	*Oryzomys nelsoni*	瑪麗亞馬德雷島（墨西哥）
	格拉尼圖島鹿鼠	*Peromyscus guardia harbinsoni*	格拉尼圖島（墨西哥）
	梅希亞島鹿鼠	*Peromyscus guardia mejiae*	梅希亞島（墨西哥）
	聖羅克島白足鼠	*Peromyscus maniculatus cineritius*	聖羅克島（墨西哥）

雖然列了這麼多資料，你是不是依舊難以相信貓的殺傷力居然有那麼大？這種觀念其實非常普遍，**除了澳洲和紐西蘭之外，地球上其他國家的人都不怎麼相信，寵物貓會帶來這麼恐怖的危害，但事實就是事實**。

目前，想要完全解決家貓對物種多樣性的危害問題是不可能的，但是，有很多方法可以減少貓對環境的影響。這裡有兩個方法，讀者可以依據個人喜好選擇。

方法一，適用於人類中的冷血者。為了保證一些島嶼上的動物不再滅絕，**把貓從島上趕走最有效的辦法，就是消滅牠們**。這聽起來很殘忍，但是貓不屬於這些島，牠們對當地的生態系統非常有害。對陸地上過多的流浪貓，可以採取捕殺控制數量的方法。這種方法在澳洲被證明確實行之有效。

二〇一三年十一月至二〇一五年十一月，科學家們做了實驗，把一些區域內的貓全部趕走。結果發現，在貓被趕走的地方，這兩年內爬行動物的存在比例顯著增加。二〇一八年，澳洲野生動物保護協會為防止貓威脅澳洲本土野生動物，打算放大這一策略，他們修建了全球最長的「防貓長城」，一道長達四十四公里的圍欄圍出了九十四平方公里的「無貓區」，使兔耳袋貍（*Macrotis lagotis*）、袋食蟻獸（*Myrmecobius fasciatus*）、金袋貍（golden bandicoot）、西澳袋鼬（western quoll）和黑腳岩袋鼠（black-footed rock-wallaby）等十種本土瀕危野生動物，得以在此休養生息。

當然，看本書的你一定不會選擇這個方法。

方法二，適用於人類中的鏟屎官。讓自己的貓盡量待在室內，不讓牠們出門遊蕩，這樣可以減少小動物被殺害的數量，也會降低你毛茸茸的朋友感染疾病或寄生蟲、被車撞、迷路，或被其他動物或孩子攻擊的機率。如果你沒有繁育的意願，就幫你的貓做絕育手術，這樣可以防止貓意外懷孕。如果身邊有朋友想要養貓，可以推薦他們以領養代替買賣。說實話，這個方法比較溫情，但真的解決不了問題，只能多拖一天是一天。

02 流浪從不是牠們自願的

在城市的街頭巷尾，除了行色匆匆的人類外，貓的身影也變得越來越多。這些流浪在街頭的貓，絕大多數都不是自己選擇流浪者的身分，而是因為人類才無家可歸。

一隻流浪貓的成因是各式各樣的，但一般可以分作三派。

第一派是「走失派」：可能是鏟屎官帶著貓出門，但疏忽大意導致貓走失；也可能是鏟屎官搬家，貓對新環境不熟悉，溜出門後就找不到回家的路；還有可能是貓發情了，出門去鬼混，這個時候的貓特別容易走失。

第二派是「棄養派」：責任心不強的鏟屎官，只要感覺到麻煩或者厭倦，總能找到理由棄養貓。例如，貓因為壓力隨地大小便，或者貓因為發情而叫喚，再或者因為鏟屎官搬家、懷孕、過敏以及工作調動不方便繼續養貓。除了這些普通的理由之外，還有擔心受到道德譴責而不敢明說的理由，那就是貓生了病。

有些主人認為帶貓去寵物醫院看病很麻煩，且花費不菲。當貓病情慢慢惡化後，身體不適的貓不再能和主人進行有愛的互動，於是主人就會選擇把貓遺棄。美國防止虐待動物協會（American Society for the Prevention of Cruelty to Animals）在二〇一五年做了一項調查，**在所有被棄養的貓中，由於生病、叫聲、衛生等原因，而被遺棄所占的比例是最大的**，達到了四六%；而家庭原因（女主人懷孕、工作調動等）和住所原因（搬家、裝修等）則分列第二、第三位，分別占了二七%和一八%；另外因貓咪生病而遺棄寵物的主人中，有二六%的人表示，自己無法負擔寵物貓的醫療費用。

第三派是「繁衍派」：貓的繁殖能力非常強，一隻母貓一年可生三胎，每胎產三至七隻小貓，小貓長到六至八個月就能開始繁殖小小貓，因此貓在資源充足且沒有天敵的情況下，數量可以呈指數倍增長。

按照純邏輯的推演，當一隻未絕育的母流浪貓找到了一隻公貓和牠交配，若是牠的後代均存活並繼續繁殖，在八年後可以繁殖出兩百零七萬隻貓。當然，現實中的故事並不會那麼極端。

流浪貓的壽命跟在家飼養的寵物貓無法比，在有限的環境中流浪貓的總量會有一個限度，當總數超過承載的限度後，貓的生存品質就會下降。在寒冷一些的城市，大多數的流浪貓都活不過冬天。

這些淪落街頭以天為蓋、以地為輿、四海為家的貓，成為一個不小的問題。在上海、廣州、杭州等大城市，流浪貓的總數估計超過了二十萬隻，而北京一地已經有大約二十萬隻流浪貓在街頭遊蕩。

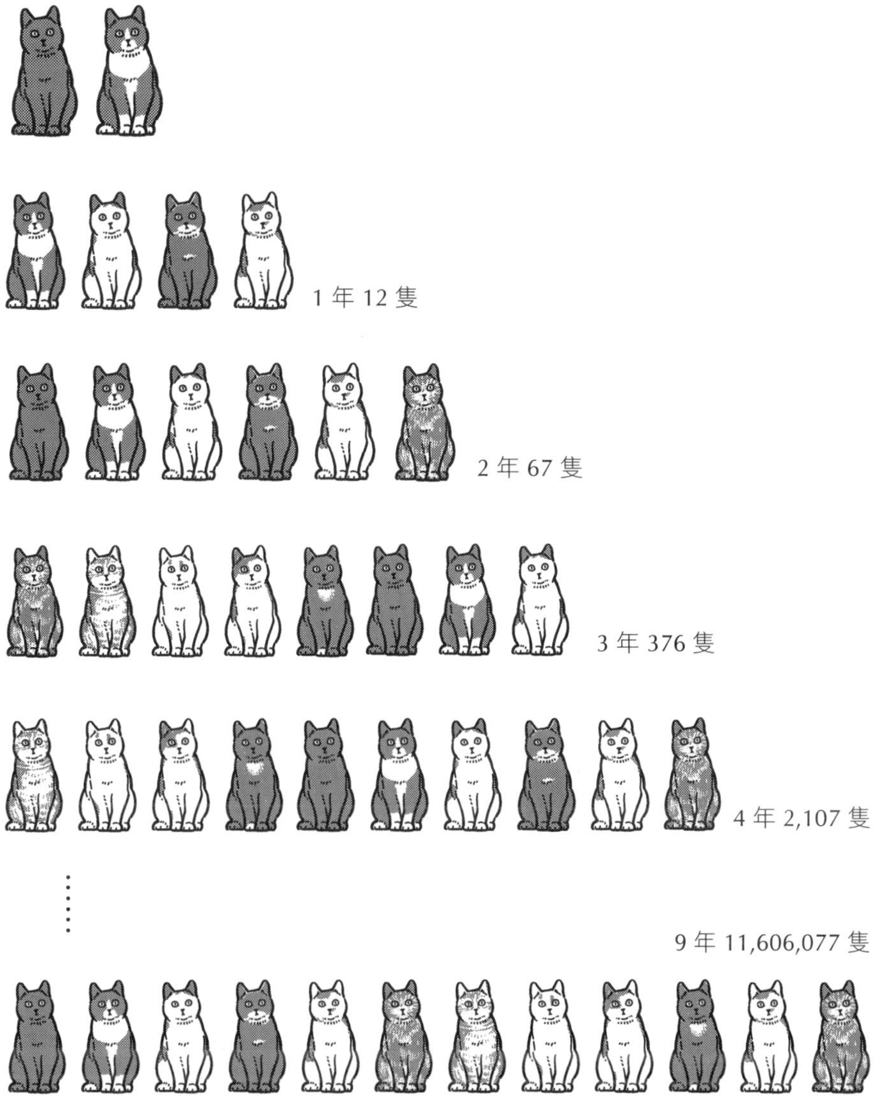

▲圖 4-2　一隻未絕育的母貓、牠的配偶和牠們所有的後代每年生 2 胎，每胎有 2.8 隻存活的小貓，只需要 9 年，牠們的後代總量就能達到千萬隻！

人道毀滅、TNR、TVHR，哪種效果好？

流浪貓不僅對生態環境造成了非常大的影響，還無聲無息的在人類和貓咪之間築起了一堵灰色的牆。不可否認，流浪貓太多會干擾人類的正常生活，引起當地居民的反感。尤其是當愛貓人士給流浪貓餵食，以致大量的流浪貓集中出現，這會引起一些對貓沒有好感的人類的仇視。

流浪貓對餵養牠們的愛貓人士來說，也並非真的那麼友好，至少牠們身上攜帶的病毒會對人類產生威脅。大部分流浪貓都沒有接種過疫苗，因此牠們很容易感染上貓白血病、貓愛滋病以及狂犬病等疾病。其中對人類威脅最大的莫過於狂犬病，這個以狗命名的疾病，**實際上任何恆溫哺乳動物都可以成為其載體和傳播者，而貓正是狂犬病的第二大疫源和傳播宿主**。除了狂犬病之外，流浪貓還可能會傳播弓形蟲感染症、貓抓病等人貓共患的疾病。

為了解決流浪動物的問題，各個國家可以說是費盡心思，主流的方法有兩種：「人道毀滅」和「TNR」。

人道毀滅（Animal Euthanasia）是以最低的痛苦程度，把動物的生命「人為的結束」。英文中的「Euthanasia」源於希臘文，有「好的死亡」或「無痛苦的死亡」的含義，也就是安樂死。

在流浪貓的人道毀滅道路上，走得最為堅決的國家是日本。在日本，被捕捉到的流浪貓若在三至七天內無人領養，就會被送進名為「夢盒」（Dream Box）的密閉容器，並透過釋放毒氣將其處死。

據日本媒體報導，日本二〇〇四年度全國保健所等機構，共收養被棄或迷路的貓二十三．九萬隻。除少數被認養外，九〇％以上的貓被人道毀滅。到了二〇一五年，日本仍只有一一％的流浪貓被領養，剩下的貓都會在夢盒中掙扎著死去。

在美國，全國範圍內共有約五千個社區動物收容所，每年有五百萬至七百萬寵物會進入這些收容所中。流浪貓在收容所裡一般會有一至二週的招領限期，在這個時間內，如果流浪貓仍沒有被新的主人認領走的話，就會被人道毀滅。

人道毀滅畢竟要奪取貓的生命，一些動物保護團體在一九八〇年代後期，和一九九〇年代初期在美國推廣了一種名叫「TNR」的方法，提倡用一種更人道的方式管理和減少流浪貓數量。

TNR分別是誘捕（Trap）、絕育（Neuter）和回置（Return）三個英文單字的首字母縮寫。具體的過程就是：

- 誘捕：對貓群數量進行定點統計，並用食物引誘、捕貓籠等方法捕捉流浪貓。
- 絕育：對流浪貓實施絕育手術，透過手術去除公貓的睪丸和母貓的卵巢。絕育後

T
N
R

會在耳朵剪去一角做標記，公貓一律於左耳做標記，母貓則在右耳做標記，用於辨別流浪貓是否絕育。

- 回置：絕育後的流浪貓會被放回原來發現和捕捉牠們的地方，而不是隨意釋放到非其原生環境當中，目的是避免流浪貓陷入無法適應新環境，而難以生存的風險當中。

推崇這一方法的人認為，當一群流浪貓依靠資源駐留於當地，往往因為沒有絕育而繁殖增加數量，當資源不足以支撐整個族群生命所需，將會產生攻擊行為及族群外移，造成社會問題。若將區內的流浪貓撲殺，周圍區域的流浪貓，很快就會受食物及地盤等生存資源吸引而來，填補空缺。透過絕育流浪貓，可抑制流浪貓每年所繁殖出的龐大生物數量，同時亦可篩檢流浪貓，將具有危險性的流浪貓進行安樂死，而那些於社會無害的流浪貓則放回原地。這些回置的流浪貓可以占據當地生活所需資源，並以貓本身所具備的地域性驅趕外來的流浪貓，讓該地區中流浪貓的數量維持在一定範圍內。

二〇一三年，ＴＮＲ有了一個升級版，叫做ＴＶＨＲ，全稱是 Trap-Vasectomy-Hysterectomy-Return（捕捉—輸精管與子宮切除—回置）。

在ＴＮＲ中，**絕育的方法是透過手術去除公貓的睾丸，和母貓的卵巢**。這種方法從根本上消除了貓的繁殖能力。貓的性行為由性激素刺激產生，而卵巢和睾丸正是分泌性激素的主要器官。沒有了性激素產生的器官，在失去繁殖能力的同時，貓很多與繁殖相關的行為，比如攻擊性、領土保護、發情號叫、撒尿標記地盤等，也會隨之消失。

ＴＶＨＲ其實是採取一種全新的絕育手術，**手術去除的是母貓的子宮，以及公貓的輸精管**。作為哺乳動物的貓和人類一樣，子宮是放胎兒的地方，輸精管是運送精子到射精管的通道，如果沒了這兩樣東西，貓同樣會喪失繁殖能力。但與ＴＮＲ不同，採用新方法絕育的貓保留了卵巢和睪丸，也就是性激素分泌的器官，因此依然保留交配行為。貓是具有領地意識的動物，公貓對領地範圍內的母貓有占有欲，在雄性激素的操控下，公貓不會輕易允許另一隻公貓侵犯牠領地內的母貓。

ＴＮＲ方法絕育的公貓（沒有了睪丸），不會在乎別的公貓在自己曾經的地盤繁殖後代。ＴＶＨＲ絕育的公貓，與一隻沒有經過任何方法絕育的母貓交配以後，母貓成功排卵，但因為沒有受精而不會懷上小貓，牠會經歷四十五天的假孕期，在這期間，這隻母貓不會對任何公貓產生興趣，一心以為自己在孕育小貓。

關於ＴＮＲ和ＴＶＨＲ的成效驗證有著不少研究，但也有不少研究者持質疑態度。

一九九八年八月，美國德克薩斯州農工大學在校園內實施ＴＮＲ，以管理流浪貓的數量。實施一年後，在校園中再次誘捕流浪貓時，小貓的比例明顯下降。在另一項研究中，佛羅里達大學的學者在校園裡長期推廣ＴＮＲ，校園中的貓數量減少了六六％，並且由於新移入的貓很快就被絕育，三年後校園中就不再發現幼貓。

除了校園這樣小範圍成功的例子以外，臺北市動物衛生檢驗所於二〇〇六年七月實施「北市街貓誘捕絕育回置（TNR）行動方案」，結合民間資源以及義工人力，並補助民間團體執行社區流浪貓TNR方案的費用。原本二〇〇五年臺北市內的街貓總數為一萬四千四百九十九隻，而在二〇一三年的普查時，已大幅下降至四千八百七十九隻。這是至今為止，經過證實能在大範圍中利用TNR方法，有效控制流浪貓數量的例子。但不可否認的是，該計畫調用了相當多的資源，以保證每一年的有效執行。

一些動物保護組織的成員和學者表達了對TNR和TVHR的擔憂，他們認為雖然高成效絕育，理論上可降低群體數量，實際上卻可能因為外來貓移入而失敗。

加利福尼亞州立大學的一項研究則認為，在假設完全沒有外來貓的情況下，必須至少有七一%至九四%的貓絕育，才能減少野貓數量。他們統計了幾個長期研究發現，貓群數量並沒有顯著減少，而在幾個案例中因為外來貓，貓的數量反而增加了。因為貓群數量不穩定，且大量的貓會在城市與林地間遷徙，當一個地方有可靠的食物來源時，貓群的密度就會激增。

二〇一三年，美國塔夫茲大學（Tufts University）的獸醫聯合學校的工程師，用數據模擬的方法比較了人道毀滅、TNR和TVHR三種控制流浪貓數量的方法。這個資料模型模擬了兩百隻貓在六千天中，分別透過三種方法進行數量控制的結果。模型考慮了母貓的繁殖週期、野外生存的存活時長，公貓母貓在不同年齡、不同繁殖狀態的初始數量，母貓交配次數對排卵成功率的影響，小貓去勢對壽命是否有影響等。三種方法都從兩千天的時候開始介入，進行二十次模擬後得到了以下結論：

如果每年捕捉的貓比例小於或等於一九％的話，不論哪種方法都不能有效減少流浪貓的數量。但是如果比例大於或等於九七％的話，三種方法都是有效的，且人道毀滅最有效，其次是ＴＶＨＲ，最後是ＴＮＲ。**在一九％至九七％的捕捉區間裡，ＴＶＨＲ比另外兩種方法更有效。**

如果每年用ＴＮＲ或者人道毀滅的方法處理五七％的流浪貓，貓數量可減少二五％。與此同時，只要用ＴＶＨＲ的方法處理三五％的流浪貓，就可以讓貓數量減少五〇％。

在三五％至五七％的捕捉範圍內，使用ＴＶＨＲ可以在四千天的時候，徹底使這個流浪貓群消失。要達到同樣的效果，使用ＴＮＲ或者人道毀滅，需要大於八二％的捕捉範圍。

從整體上來看，ＴＶＨＲ抓捕率在一〇％至九〇％這個區間裡，對流浪貓都有著一定的控制效果。但這畢竟只是資料上的模擬結果，無論是三種方法中的哪一種，都需要花費相當的人力及物力搜尋和處理流浪貓。如果在這個過程中，人們依舊持續丟棄寵物貓，那麼再好的計畫也只會成為泡影。

想要控制流浪貓的數量，不僅要從貓下手，還要從人入手。在英國，若要飼養寵物，就必須給牠們最好的待遇，若沒有達到法律規定的飼養標準，還將收到法院的傳票。若是主人不慎讓自己的寵物貓走失，也要繳納二十五英鎊[1]的罰款。在義大利，遺棄寵物者最高可被判三年監禁或十六萬歐元[2]的罰款。在臺灣若棄養動物，依動物保護法規定可處一萬五千元至七萬五千元罰鍰，若棄養致動物重傷或死亡，或五年內再次棄養動物兩次以上者，處一年以下有期徒刑。在荷蘭，如發生動物棄養事件，對遺棄者最高可以處以三年以下有期徒刑，並永遠禁止其再飼養寵物。

建立合理的寵物保護法，能保護的可不僅是寵物而已，它保護的是貓和人類之間溫暖的未來。

1 英鎊兌新臺幣的匯率，以二〇二三年三月，臺灣銀行公告之均價三十八・三二元為準，此約新臺幣九百五十八元。

2 歐元兌新臺幣的匯率，以二〇二三年三月，臺灣銀行公告之均價三十三・六四元為準，此約新臺幣五百三十八萬兩千四百元。

03 一口一隻小貓咪

人類必須吃飯才能生存，每一個人對於食物都有自己的選擇，這是因為在歷史上的大部分時期，人類都是非常本土性的生物，有著與其生存環境和文化相匹配的習慣。但是從二十世紀開始，人類的全球化導致了衝突，一種文化中的美味在另一種文化中就成了禁忌。直到有一天，一群愛貓如子的人發現另一個地方的人正大快朵頤的吃著貓肉。

德國動物畫家讓．邦加茲（Jean Bungartz）在一八九六年出版的《貓的圖解》（*Illustriertes Katzenbuch*）一書中，提到了在中國和亞洲其他地區吃貓的現象。他寫道：「中國的垂耳貓（sumxu）是為了吃肉而飼養的，被認為跟麵條和米飯搭配是美味佳餚。這些貓被關在小竹籠裡，像鵝一樣吃了大量的食物而發福。貓是長毛的，通常是奶油色，比家貓大。」

一八四〇年的《世界地理畫報》（*A Pictorial Geography of the World*）刊登：「中國主要的食物是米飯，幾乎所有人都要吃米飯，但是在北方，更多人吃玉米。滿族人吃馬肉，而下層社會的人，因為貧窮而以狗、貓和老鼠來充饑。」

文獻證據顯示，在中國部分地區，貓確實成為當地飲食的一部分，甚至曾被飼養成肉、皮毛兩用的牲畜。幾個世紀以來，中國時常遇到災年，使得這裡的人吃的肉類和蔬菜種類，比大多數西方人要多。

粵菜使用了特別廣泛的「異國」食材，所以在西方人的印象中，除了桌子，中國人能吃任何有四條腿的東西；除了飛機，中國人能吃任何有翅膀的東西。其實，中國廣東是唯一一個以吃貓[3]而聞名的省分。據《羊城晚報》估計，野味市場上的貓檔（販售貓的攤位），在冬天每天可以輕鬆賣出三百至四百公斤的貓肉。在三個野味市場，大約有八十個攤位在賣貓，相當於每天可以賣出一萬隻貓。

二戰後，駐紮在新加坡的軍事人員曾報告說，他們在那裡吃過用貓肉做的，名叫 **Keema Roti**（辣肉餡餅，一種印度美食）的菜餚。這些貓生活在雨季的下水道裡，當時很容易找到。雖然現代新加坡人可能會對此提出異議，新加坡的食品法規和穆斯林文化也限制了在 **Keema Roti** 中使用貓肉。但在過去的不同時期，許多國家都使用過非典型性食物來源。

據說，吉卜賽人在印度各地都吃貓，但從未公開。同樣的，在斯里蘭卡，貓也是

3 臺灣《動物保護法》部分條文修正案，針對吃貓肉、吃狗肉或其內臟等行為明確入法，將處新臺幣五萬元以上、二十五萬元以下罰鍰。

不被允許公開食用的，但經常會有關於斯里蘭卡屠夫和餐館非法出售貓肉，並偽裝成其他肉類的故事。每年九月，祕魯卡涅特（Provincia de Cañete）都會舉辦「吃貓節」。這些被吃掉的貓是特別為這個節日而飼養的，食客們認為吃貓肉可以治療支氣管疾病，也有人認為貓肉有壯陽作用。

動物還是食物？

貓在西方世界中是一種伴侶動物，但在亞洲為主的一些地區，人們飼養貓的目的則是食用。西方的電視節目也曾展示過有些地區的餐館裡，貓肉料理的製作過程。

一些動物保護組織也曾在傳單上印上某些國家殺貓取肉的行為。英國一家雜誌社刊登了一張照片：一個人拿著塑膠袋，

裡面裝著許多隻死貓。作者在一旁寫道：「貓就像高麗菜一樣被買賣，那些人根本不考慮牠們是活的、有呼吸的、有意識的動物，而看的人能夠感受到牠們的恐懼和痛苦。」

西方動物組織和媒體所表達的立場很明確，那就是人捕殺貓作為食物是錯誤的。貓是家庭成員，是伴侶動物。亞洲一些地區吃貓是野蠻的、原始的、沒有文化的表現。儘管這些照片看起來確實有著視覺衝擊，但西方所傳達的資訊失之偏頗。這似乎是企圖把西方文化價值觀強加給外國文化，也同時強加於貓這種生物之上。

在一些西方人的眼中，亞洲人對待動物就像對待蔬菜一樣，捆紮、裝箱、粗暴處理。然而，許多西方國家在沒有陽光的工廠，飼養著數不盡的家畜，比如雞、豬和牛，然後用擁擠的卡車把牠們運到遠處的屠宰場。「高效」的工廠化養殖，為西方社會提供著源源不斷的蛋白質來源。可想而知，西方人對待牛的方式一定嚇壞了印度教徒。印度教徒因此很有理由進行大規模的公共運動，來教育西方人吃牛是不可接受的，因為這冒犯了印度教中極為神聖的牛。然而，假如真的發生了這樣的抵制活動，美國人一定會覺得，這是對他們吃漢堡和熱狗的神聖權利的侵犯。

其實，在西方國家中，也存在類似的分歧。長期以來，英國人對有人能吃馬肉而感到震驚。吃馬肉在英國文化中是一種禁忌，這在歷史上曾引起過英國和法國的摩擦。許多英國的鏟屎官至今仍然不相信一些貓糧中含有馬肉。大多數英國人對這個現象深惡痛絕。然而，在二戰期間，肉類實行定量供應，許多家庭在不知不覺中也吃了馬肉。

一八六一年，英國作家查爾斯．狄更斯（Charles Dickens）主編的雜誌《一年四季》（*Allthe Year Round*）上刊登了一位匿名作家寫的，人類對食物的文化偏見：「基督徒同情猶太人和穆斯林，因為他們不吃豬肉，但基督徒拒絕吃馬肉。印度人對牛肉有同樣的恐懼，羊肉也絕對不是一道世界性的菜餚。俄羅斯人不吃鴿子、義大利人喜歡吃兔子、法國人甚至吃小青蛙和大蝸牛。」

在絕大多數情況下，人們吃貓的主要原因是，貓肉是蛋白質的來源。貓可以食用不適合人類食用的廢料，並將這些廢料轉化為人類可食用的蛋白質。牠們和人類所養的豬沒什麼區別，都是用家裡的剩飯剩菜和意外收穫的食材餵大的，在冬天就可以殺牠們來給家人吃。但是，人類習慣消費的最普通的肉類（不包括維持生計的獵人）都是最簡單和最經濟的物種，要麼是食草動物，要麼是雜食動物，比如豬、牛、雞、綿羊、山羊。牠們位於生態塔（Ecological Pyramids，又稱生態金字塔）的底部，牠們的食物包括人類無法消化的植物。

而貓是專性食肉動物，餵養和增肥都很昂貴。牠們位於或接近生物量金字塔的頂端。貓會吃許多獵物，比如鴿子和兔子，所以對人類來說，直接去吃鴿子和兔子，比吃貓更有意義。

人類和貓在食物鏈中處於大致相似的位置，兩者經常是競爭對手，而不是捕食者和獵物的關係。然而，蛋白質就是蛋白質，如果需要或有機會，大多數食肉或雜食動物也會互相食用。比如，即使在寵物飼養文化的光芒照耀下，貓依舊是西方人在圍城或饑荒時期的一種食物。

一六八九年倫敦德里之戰（siege of Derry）期間，貓就成為飢餓的英國人的盤中飧。後來一個描寫倫敦德里之戰的劇本中寫道：「士兵們在城市裡到處追捕貓狗，就像貓追捕老鼠一樣……這是肉類市場的價格清單：馬肉二十便士[4]一磅；四分之一隻狗要五便士或六便士；教堂院子裡的一隻老鼠要一先令……士兵和飢餓的市民把城裡所有的貓狗都吃光了。」

《便士畫報》（*The Penny Illustrated Paper*）在一八七〇年十月二十九日，描述了在普法戰爭（Franco-Prussian War）中巴黎圍城時期的情況：「我的一個朋友被邀請出去吃飯，他吃了一隻味道很好的兔子。第二天，他的朋友不僅厚顏無恥的告訴他，他吃的其實是貓，而且還讓他看掛在食品櫃裡的其他貓。」

鑒於貓在人類社會中作為寵物的身分地位越來越顯著，人類食用貓肉自然不再是一種值得提倡的行為。但是，寵物肉貿易也需要人性化，若是當地的法律沒有明文規定，強行杜絕他人吃貓的行為就是一種「愛貓帝國主義」了。

4 Penny，英國的貨幣名稱。是一先令的十二分之一，一百便士等於一英磅。

04 貓會吃人屍體？鏟屎官的身後事

有沒有聽過一個關於離群索居的愛貓者的故事？這個愛貓的人一不小心死在自己的公寓裡，而飢餓的貓開始啃噬他的身體。這是一個基於真實事件改編的故事嗎？

人類看過餓到不行的野牛會吃髒尿布、衛生棉。在人類的歷史上，也有人因為饑荒而吃人肉，或為了減輕飢餓而吃泥土。被遺棄的野貓，尤其是那些飽受戰爭蹂躪地區的貓，很少有固定的食物來源。牠們必須把能找到的任何食物吃進肚子，包括垃圾（不能消化的腐爛麵包、水果和蔬菜）和屍體（包括其他貓的屍體）。

在那個關於離群索居的愛貓者的故事中，有人認為貓之所以會去啃噬鏟屎官的屍體，是因為牠實在餓得不行，為了生存而採取的無奈之舉。這樣的解釋似乎很合乎常理，也有不少的同類事件可以印證。當這個貓吃人的事件發生後，這種令人震驚又罕見的事情經常會成為新聞。

一八八九年十二月二十八日的《達靈頓與斯托克頓時報》（*Darlington & Stockton Times*）上就記載過一個這樣的事件：「昨天在卡萊爾（Carlisle）發生了一件可怕的事情。一個叫湯瑪士．伯基特（Tmomas Birkett）的人獨自生活，好幾天沒人看見他。當員警打開門進入他家時，發現了他的屍體，但鼻子和耳朵都被他養的幾隻貓吃掉了。當窗戶打開時，三隻貓都跳出了房間。很明顯，貓被困在家裡沒有其他食物來源。」

二〇〇八年，五十八歲的羅馬尼亞人莉維亞・梅林特（Livia Melinte）被她那二十隻強壯的貓當成了「貓糧」。二〇一三年，警方發現了五十六歲的英國婦女珍妮特・維爾（Janet Veal）正在腐爛的屍體。她死後幾個月都沒有被人注意到，她的屍體被她養的一些寵物所啃噬，當然也包括了她的貓。

《美國法醫醫學與病理學研究雜誌》（*The American Journal of Forensic Medicine and Pathology*）上報導過一個案例，一個三十歲出頭的男人自殺，三天後，當他被發現時，他的頭、脖子和手臂的一部分已經血肉模糊。這個男人養了十隻貓，所有的貓也都死了。男子的死因是服用過量的處方藥。十隻貓的死因是吃了鏟屎官的身體，死於藥物中毒。

一隻貓要多長時間，才會拋棄牠深愛的鏟屎官，去吃他的身體？如果貓有別處可去，牠會很快選擇去野外，開始捕食大自然中的獵物。但如果貓不能從鏟屎官的家中離開，情況可能會變得很糟糕，飢餓到一定程度的貓會變得非常焦躁。在一九九二年紐奧良（New Orleans）舉行的美國法醫科學院會議上，一位法醫病理學家指出，單獨生活的人有時會意外死亡，在一段時間內可能沒人發現。他聲稱，根據他的經驗，**一隻寵物狗會先等上幾天才去吃主人的身體，但寵物貓最多只會等一、兩天。**

其實這是因為貓是食肉動物，不像狗那樣雜食，貓不能吃其他可能在家裡的食物（水果、蔬菜、餅乾等）。對狗來說，屍體可能是最後的選擇，而對專性食肉的貓來說，鏟屎官的屍體可能是最優先的選擇。

但是也有反例，二〇一〇年《鑑識與法律醫學雜誌》（*Journal of Forensic and Legal Medicine*）上發表了一個案例。在此案中，一名婦女被丈夫發現死在浴室裡。她死於動脈瘤，但她的鼻子和嘴唇都不見了。奇怪的是，和之前的論點不同，這名婦女身上發現的所有傷痕都是由她的狗造成。這隻狗在受害者死後僅僅幾個小時就「捕食」了她，但她的貓一點都沒有參與。

任何動物在極端情況下都可能這樣做

在很多人類文明中，人類認為身體是神聖的，或者至少應該受到尊重。殘害或猥褻屍體的行為是非常恐怖的。一些社會甚至連法醫的死後檢查都無法接受，因為這一程序相當於殘害。

人類死者需要被完整的埋葬或被燒成灰，一些事故受害者在殯儀館還需要一番容貌修復。許多被視為家庭成員的寵物，也因此被賦予了同樣的埋葬或火葬的尊嚴。

相比之下，貓怎麼能吃鏟屎官的屍體！等等，人類為什麼要埋葬和火化屍體？這麼做有實際意義嗎？首先，腐爛的屍體通常很難聞，食肉動物和食腐動物會被氣味吸引而來，並對早期人類構成威脅。其次，屍體分解會使細菌繁殖，並可能導致食物和水的汙染。如果死者死於傳染病，不埋葬或焚燒遺體就有可能導致感染傳播。在現代，許多人需要知道他們已故的家庭成員在哪裡，以便憑弔他們，在某些方面，把死者當作還活著的人來對待，給人類帶來了安慰。

那麼，貓吃鏟屎官的屍體有什麼實際意義呢？首先，貓可以填飽自己的肚子。其次，貓和其他食腐動物一樣，正在做大自然的清理工作。對大自然來說，人和貓在本質上並無區別。即使人類有更高的智力，也仍然是骨骼、皮膚和肌肉的集合。對大自然的經濟學來說，不管是什麼物種，死了就是屍體，就要被活著的物種消耗掉。

那為什麼人類對屍體被貓吃掉這個現象，常會感到那樣不舒服？這或許是因為在絕大多數的人類文明中，「動物行刑」被視為一種對人精神上的懲罰。西元前七世紀，亞述末代國王亞述巴尼拔（Ashurbanipal）就曾經把他的囚犯作為巨犬的食物，埃及人則是餵給鱷魚，迦太基和印度的犯人會被大象殺死。

十七世紀有個叫羅伯特·諾克斯（Robert Knox）的水手和商人，在英語世界第一次描述了他在錫蘭（今斯里蘭卡）時目睹的大象行刑：大象用牙齒穿過屍體，將其撕成碎片，把四肢依次拋開。牠們的牙槽有三個邊緣，像鋒利的鐵器。因為動物行刑的這種侮辱性，往往被視為對死者的不尊重、對死者家屬的侮辱，以及對他人的警告，懲罰程度

▲圖 4-3　象刑作為一種刑罰，曾被運用於印度次大陸和東南亞地區。

超過了死亡。

在絕大多數養貓的國家中，貓被視為友好的家庭寵物，牠們身上的捕食本能被抑制、消除或僅局限於小型獵物。雖然許多鏟屎官試圖阻止，但貓還是會從垃圾箱或者飯桌上叼走一些食物。鏟屎官心裡很清楚，貓科動物是捕食者和食肉動物，貓會本能的被小動物或者肉類所吸引。

但是，鏟屎官依舊會把貓當作家庭成員，會把人類的情感和動機放在貓身上。畢竟，和人類生活在一起的貓並不把人類當作獵物，貓舔人時就像舔其他的貓一樣，牠們和人類一起玩耍，還經常抱著人類睡覺。

但這樣的關係中也發生過一些小插曲。比如一些「DIY」（自己動手做）愛好者，或園藝愛好者會不小心在操作工具時，割斷自己的手指或腳趾，這個時候陪伴在一旁的貓可能就會一躍而起，把那些斷指叼走並吃進肚子裡。這究竟是為什麼？難道貓不知道那一塊肉是鏟屎官身上的嗎？或許，這是因為貓的下顎天生是為小型獵物設計的，所以當斷指掉落時，貓身體中的本能突然被喚醒了，無法再思考別的事情。

請不要再過分介意貓吃人屍體這件事了，畢竟，即使貓沒有吃掉你，人體也能完成「吃掉自己」的任務。這是由兩個過程造成的：首先，人類的腸道菌群在人體死亡後將不受控制的繁殖，從內部吞噬人體。其次，人體的細胞會經歷一個叫做「自溶」的過程。在這個過程中，人體的酶會破壞所有的細胞。不過，若是有一天你從睡夢中醒來，發現自己不能說話，全身不能動彈，只有眼珠子能轉動，而你的貓跳上了床，喵喵叫著告訴你該給牠準備早餐了……。

05 視貓如神，殺貓問題也嚴重

在人類的歷史上，古埃及文明可以算得上和貓淵源最深的一段文明，在社會和宗教習俗中都充滿了貓的身影。古埃及人尊重與他們共同生活的動物，並將牠們與神或人類特徵聯繫在一起。其中，貓是最受他們尊敬的動物，與許多神有著密切的聯繫。

身處農業社會，古埃及人在生活中顯然常常被老鼠和蛇所擾，牠們不僅偷吃儲備的糧食，還會給人的健康帶來威脅。人們認為，古埃及人了解到野貓能捕食這些動物，因此特地拿出一些食物來引誘貓定期拜訪他們。貓開始接近人類居住區，人類不僅提供了現成的食物（老鼠、蛇和人類留下的食物），而且能幫助牠們避開更大的捕食者。隨著這種共生關係的發展，貓受到了人類的歡迎，並最終同意與人類朋友住在一起。

瑪弗德特（Mafdet）是古埃及已知的第一個貓頭神，最初出現在西元前二九二〇年的埃及第一王朝，被認為是法老房間的守護者，具有抵禦蛇、蠍子和邪惡的能力。

自埃及第二王朝（西元前二八九〇年）開始，貓神芭絲特逐漸受人崇拜。在上下埃及統一之前，祂的形象是擁有獅子頭部的戰爭女神。在埃及第三中間期（約西元前一〇八五年至西元前六五六年），芭絲特開始被描繪成一隻家貓或一個貓頭女人，轉化為家庭的守護神。

到了新王國時代（西元前十六世紀至西元前十一世紀），埃及文明進入了繁榮發展的階段。這是埃及帝國的時代，在此期間，埃及的邊界擴大、國庫充盈，貓開始經常出現在古埃及人墓穴的壁畫上。人們經常被描繪成帶著貓外出打獵的樣子。這些藝術描繪並不寫實，因為畫中的人經常穿著他們最好的衣服，戴著昂貴的珠寶，而不是一派狩獵的裝束。貓則常常被描繪成控制著一隻野鳥的模樣，有著為家庭成員提供神聖保護的意味。

在內巴蒙（Nebamun，生前曾在古埃及的重要城市底比斯擔

▲**圖 4-4**　內巴蒙墓壁畫上的貓。

任高官）的墓中，貓的眼睛是鍍金的，逼真的閃爍著（請掃描右頁圖4-4 QR Code），這是墓室裝飾中唯一用了這種金屬的地方。要麼內巴蒙是一個骨灰級的「貓奴」，要麼就是為了彰顯貓所具有的神性。

當布巴斯提斯城（Bubastis，埃及尼羅河三角洲上的古城）被舍順克一世（Sheshonk I，約西元前九四五年至西元前九二四年在位）定為都城時，芭絲特女神的地位被提升到一個前所未有的高度。

古希臘歷史學家希羅多德（Herodotos），在西元前四五〇年訪問布巴斯提斯時，曾記錄道：「儘管芭絲特神廟沒有其他城市中的神廟那麼大，可能也沒那麼昂貴，但在整個埃及，沒有一座神廟能比它給人更多的愉悅。」他還證實，一年一度的芭絲特節是埃及最受歡迎的節日之一。成千上萬的朝聖者從埃及各地來到這裡，透過喝酒、跳舞和唱歌來慶祝，並在接下來的幾個月裡為女神祈禱以獲得祂的青睞。

他還記錄道：「如果一間埃及房子著火了，古埃及人不會試圖去滅火，而是把所有的注意力都集中在拯救貓上，阻止牠們跳回大火中。」不過，布巴斯提斯於西元前三五〇年被波斯人摧毀。三九〇年，帝國法令正式禁止祭祀芭絲特，隨著女神的「死亡」，貓的命運也漸漸黯淡下來，不再是神的化身。

在古埃及時代，人們沒有區分野貓和家貓，所有的貓都被稱為「miu」。這個名字的來源現在還不清楚，但似乎是一個擬聲詞，指的是貓發出的聲音。在歷史記載中，那時候小女孩通常被命名為「Miut」（字面意思是「雌貓」），可見古埃及人對貓和小孩都非常喜愛。

因為深受人喜愛，貓在死後也獲得了類似人的被埋葬資格。希臘歷史學家狄奧多羅斯（Diodorus）曾記錄道：「當一隻貓死後，人們會陷入深深的悲痛，為此剃掉自己的眉毛。人類用亞麻布包裹貓的屍體，用雪松油和一些香料處理，這些香料能散發出令人愉快的氣味，並能長期保存身體。然後貓連同牛奶和老鼠等食物一起被埋葬。」

愛貓成痴，愛到失去一座城

在其他文明的歷史中，許多動物也會被視為神的代表，但動物本身並不被認為是神聖的。然而在古埃及，每隻貓都被認為是半神。既然貓是一個半神性的存在，那麼就不是隨便什麼人都有資格飼養，只有地位足夠高的人才配擁有貓。因此在整個古埃及歷史中，對傷害貓的人有著極其嚴厲的懲罰。

在芭絲特最受歡迎時，即使是意外，不是故意殺死貓，這個人也會被處以死刑。狄奧多羅斯曾寫道：「在埃及，人如果殺死貓，無論是否故意，都將被判處死刑。人們會聚集起來殺了他。如果一個不幸的羅馬人意外的殺死了一隻貓，那無論是埃及的托勒密國王，還是羅馬帝國對人們的威懾，都救不了他。」

度過新王國時代後，古埃及開始走下坡，一度分裂成各自為政的幾個城邦。第二十六王朝的法老雅赫摩斯二世（Ahmose II，約西元前五七〇年至西元前五二六年在位）是一位非常有膽識的軍事家，在位時恢復了埃及以往的榮耀和軍事威望。雅赫摩斯二世死後，國家交給了他的兒子普薩美提克三世（Psammetique III），這時波斯打算入侵埃及。普薩美提克三世是一個年輕人，他生活在父親偉大成就的陰影下，幾乎沒有能力抵禦敵對勢力。希羅多德記錄了這個時期中，波斯人利用埃及人對貓的愛，而得到戰爭勝利的一個有趣故事。

波斯人捕抓大量的貓，然後運到貝魯西亞（Pelusium，古代埃及城市，位於尼羅河三角洲最東邊）城外的戰場上，將貓分配給士兵，來代替盾牌。另一種說法是貓可能是被畫在盾牌上。當埃及人看到嚇壞了的貓在戰場上跑來跑去時，他們不敢冒著傷害摯友的危險而戰鬥，因此選擇了投降。

在當時，把貓出口到鄰國也是違法的，但這種禁令使得地下黑市猖獗，走私貓的貿易一度非常繁榮。在法庭紀錄中，他們偶爾會派遣軍隊去營救被綁架的貓，並將牠們帶回埃及。但奇怪的是，一些從布巴斯提斯墓穴中復原的貓木乃伊，頭部或頸部都受到了嚴重的創傷，顯示牠們是被故意殺害的，這與針對殺死貓的嚴苛法律形成了對比。

根據考古學家的理解，木乃伊化的貓會被賣給朝聖者。朝聖者帶牠們去芭絲特女神的神廟，然後把祂的能量帶回家。朝聖者也會再把貓木乃伊（請掃描第兩百六十三頁圖

4-5 QR Code）帶回來，作為一種還願。這和現在寺廟中販售開過光的護身符，以及信徒供奉佛像差不多。

貓木乃伊聽起來很稀奇，但事實上這種木乃伊化的貓非常多，自一九九〇年代以來，人們在埃及各地都發現了貓木乃伊。在一項最大規模的考古發現中，人類出土了十八萬隻貓木乃伊。博物館對購買這些貓失去了興趣，考古人員更感興趣的是從墓穴中出土的乾癟甲蟲，以致這些貓木乃伊一度被賣掉用來製造肥料。

▲**圖 4-5** 古埃及人會將貓製作成木乃伊，用來舉行一些古老的儀式，或者表達對貓的敬仰。

06 從皇帝到詩人，中國自古就有貓奴

銜蟬、銜蟬奴、蒙貴、烏圓、雪姑、錦帶、雲圖、女奴、貍奴、霜眉、鼠將、粉鼻、仙哥、玉狻猊、麒麟、小於菟、虎舅、女貓、丫頭、貓老爺、白老、小官人、寒貓、花奴、紫英、蠶貓、懶貓、佛奴、鬼尼、尼姑、寶貍、黑奴、不仁獸、虎面貍、祖師、將軍。**這些都是中國古人給貓取的愛稱、別稱，可見貓早已俘獲了中國古代文人墨客的心。**

別不相信，不僅僅是這一大串的名字，中國古人還特地為貓撰寫了譜錄，流傳至今的尚有四部，分別是元代俞宗本的《納貓經》、清代嘉慶三年（一七九八年）王初桐的《貓乘》、嘉慶二十四年（一八一九年）孫蓀意的《銜蟬小錄》，以及咸豐二年（一八五二年）黃漢的《貓苑》。

這些為貓立傳著書的，可不只刻板印象中留著鬍子的文人騷客，還包括才華橫溢的女子，比如《銜蟬小錄》的作者孫蓀意。要知道，當時的社會對女子的要求為「無才便是德」，而這位孫蓀意卻不甘寂寞，標新立異，到處搜羅關於貓的傳說故事，還摘錄了歷代名家題貓、詠貓的作品，成為一個讓人刮目相看的才女「貓奴」。

在才女的眼中，要幫貓寫一本譜錄，自然要多一點趣味，因此在書名的選擇上就多了一分斟酌。「銜蟬」指的可不是貓嘴巴裡叼著一隻知了。這個別稱的來歷可以追溯到後唐時期（九二三年至九三六年）。那時候有一個瓊花公主，她養了兩隻貓，其中一隻為白色，在嘴巴附近有著深色的花紋。公主就是公主，她沒有給這隻貓取名為「花嘴」，而要想一個風雅點的名字。那時候的貓比現代社會的寵物貓接觸自然界的機會更多，這隻貓時不時就會叼一些昆蟲、老鼠之類的小禮物回家，所以公主就把「銜蟬」二字送給了牠，是不是畫面感十足？

人類社會一直是一個看臉的社會。即使在古代，人類對動物也有著一套由表及裡的評判技術，這類技術稱作「相畜」。自然也有專門針對貓的「相貓」術，不過中國古代的「相貓」標準，是不是和現在一些貓咪協會對品種貓的認定標準非常類似呢？

在中國古代，對貓咪的判斷主要分為「外形」和「毛色」兩個標準。不過在「外形」評判中，還以捕鼠能力為標準來判斷貓品的高下。

比如，《貓乘》中收錄：「貓之善捕鼠者，日常睡。」說的是善於捕老鼠的貓，在白天時經常睡覺來保存體力。又有書寫道：「貓兒身短最為良，眼用金銀尾用長，面似虎威聲要喊，老鼠聞之自避藏。」說的是身體短小，瞳孔是黃色或白色，尾巴很長，臉蛋長得跟老虎一般，叫聲響亮的貓最好，這樣老鼠聽到就會立馬躲藏起來。

明代《物理小識》中還有寫：「凡貓口顎有浪，九浪者能捕鼠。」這裡的「浪」，指的是貓口腔上顎壁凸起且平行的一條條肉「坎」。一般的貓有七個「坎」，擁有正常的捕鼠技能。但民間一般認為，貓如果長了九個「坎」，捕鼠就會特別凶猛，打起架來連狗都不怕。

「捕鼠能力」這項指標，由於人類現代社會不再需要貓去捕鼠，已經消失在如今西方主流的寵物貓協會對品種貓品相的評分標準中。

在毛色的要求方面，中國古人喜歡的是純色貓，《貓苑》的「毛色篇」中的評判標準為：「貓之毛色，以純黃為上，純白次之，純黑又次之。」

明代綜合性農書《致富全書》裡寫道：「純白、純黑者佳，身上有花，四足及尾俱花，謂之纏得過，亦佳。」主要是因為在古代，數量占絕大多數的是「田園貓」，也就是本土家貓類的統稱，按照皮毛顏色可分為貍花貓、橘貓（黃貓）、四川簡州貓、三花貓、白貓、黑貓、黑白花貓等多個品種。

中國歷史上人們不像重視金魚那樣人工選擇定向培養貓品種，因此貓的基因融合非常充分，以致純色貓的數量大大少於雜色貓，本著「物以稀為貴」的道理，純色貓在古人的眼中就變得高「貓」一等。

從愛國詩人到皇帝，全臣服在貓爪下

除了給貓寫譜錄的這四個人之外，中國古代還有誰是「貓奴」呢？現在把時間挪到被稱作「文人天堂」的宋朝。在那個時候，貓一般被稱為「貍」，而被馴養跟人一起做伴的貓多被稱為「貍奴」。

先來看一個生活在南宋的官員，叫做李迪。據記載，他從南宋宋孝宗起任職畫院。他畫的兩幅貓圖被收藏在日本大阪市立美術館和臺北故宮博物院中，分別叫做〈貍奴蜻蜓〉和〈貍奴小影〉（請掃描下頁圖4-6右下圖的QR Code）。

兩幅畫中各一隻貓，第一隻一看就是黑白相間的貍花貓，另一隻則是純橘的毛色。

要把貓咪靈巧可愛的模樣定格下來，非常有挑戰性。若不是一個愛貓之人，絕對無法把貓的身影印在腦子裡，選擇挑戰這種高難度的任務。

在靖康之難後，北宋滅亡（一一二七年），另一個愛貓的老兄剛開始牙牙學語，他的名字你一定非常熟悉，叫做陸游。作為一名著名的愛國詩人，他寫了「王師北定中原日，家祭無忘告乃翁」；作為教育學家，他寫了「紙上得來終覺淺，絕知此事要躬行」；作為人生導師，他寫了「零落成泥碾作塵，只有香如故」；作為一個貓奴，他還寫了「裹鹽迎得小貍奴，盡護山房萬

▲**圖 4-6** 宋．李迪〈貍奴蜻蜓圖〉（右上圖 **QR Code**）、〈貍奴小影圖〉（右下圖 **QR Code**）。

卷書。慚愧家貧策勳薄，寒無氈坐食無魚」。

在宋代的習俗中，向他人討要小貓需用箬竹葉包一包鹽巴做聘禮，表示：把小貓交給我吧，我會好好待牠的。就這樣，陸游用一包鹽從朋友那裡換到了一隻小貓做伴。這隻小貓也不負陸游所望，非常盡職的履行了自己的職責，保護這個窮詩人最珍貴的書籍。要知道在古代，書經常是老鼠進攻的目標，作為齧齒類動物，老鼠是需要磨牙的，而書的軟硬度正合適。所以養一隻會抓老鼠的貓，就可以防止收藏的書籍成為老鼠的磨牙棒。

詩寫到這裡，原本是一幅其樂融融的情景，但下兩句陸游就開始反省自己，他說讓人不好意思的是，因為他家裡實在太窮了，對貓的賞賜很菲薄，天冷時牠的身下沒有溫暖舒適的氈墊，食物裡也經常沒有魚。雖然實質的賞賜比較少，但獎勵個虛名還是可以的，陸游在另一首詩中寫道：「仍當立名字，喚作小於菟。」由於這隻貓抓老鼠的本領一流，就給牠取名叫作「小於菟」，也就是小老虎的意思。

雖然這隻貓遇到了陸游這麼一個窮詩人，日常伙食並不豐盛，但牠對這個主人依舊不離不棄。不過久而久之，這隻小老虎也變成了一個老油條，既然主人那麼窮，那麼牠也決定不那麼賣力捉老鼠了，睡覺的時間一到，就雷打不動進入夢鄉。

這麼一來，陸游就崩潰了，原本就窮得叮噹響，家裡最值錢的就是那些書，現在小老虎又不發威，他只好怨氣滿滿的寫道：「貍奴睡被中，鼠橫若不聞。殘我架上書，禍乃及斯文。」老鼠在家裡把我的書都啃爛了，你這貓竟然還在被窩裡睡大覺！

漸漸的，沒有錢的陸游和不捉老鼠的小老虎達成新的默契，維持著一種「湊合著過」的生活狀態。詩句變成了：「穀賤窺籬無狗盜，夜長暖足有貍奴。」反正我這屋裡啥都沒有，長夜漫漫冷颼颼，沒關係，反正可以用貓來暖腳。還寫道：「勿生孤寂念，道伴大貍奴。」怎麼會感覺到孤單？我可是有貓的人呢。

說完官員和文人，下面就要來講講那些地位最高的貓奴。現在把目光挪到明代，這次的貓奴就不是什麼尋常百姓了，而是那些九五之尊。

「喵星人」占領紫禁城，要從鐵血皇帝朱棣去世開始講起。明仁宗朱高熾成功登基，明朝第一個貓奴皇帝登上了歷史舞臺。朱高熾有一次親筆畫了一張有七隻毛色不同、姿態各異的貓圖，命大臣楊士奇題跋文。楊士奇由於在「貓詩」中恰到好處的讚頌了皇帝，開啟了他的重臣之路。

明仁宗的擼貓故事沒能留下多少紀錄，原因是他在位不到一年就去世了。明仁宗的長子朱瞻基順利接下了皇位。由於父親愛貓，這位皇子從小就沒少和貓相處，再加上他又是一個藝術細胞豐富的皇帝，貓的姿態就被他用筆畫在了紙上。明宣宗朱瞻基所繪貍貓圖卷有六幅，分別叫〈花下貍奴圖軸〉、〈壺中富貴圖軸〉、〈五貍奴圖卷〉、〈仿宣和畫耄耋圖軸〉、

▲**圖 4-7**〈花下貍奴圖〉
現藏於臺北故宮博物院。

〈宮貓圖卷〉和〈貓軸小橫披〉。其中〈花下貍奴圖軸〉（請掃描圖4-7 QR Code）曾被乾隆所收藏，還被他寫上了一首詩，現藏在臺北故宮博物院。

講到這裡，是不是覺得這兩位明朝的皇帝養貓也沒什麼奇特的？那請準備好，接下來的「貓奴」會讓你大吃一驚。

從明仁宗和明宣宗開啟紫禁城養貓的傳統，到明世宗朱厚熜登基時，宮中繁衍生息的貓咪數量已經非常龐大。明世宗愛貓，把宮中的貓統稱為「宮貓」，在宮中設立了一個「貓兒房」。貓兒房的侍從由三、四個太監組成，每日輪班負責餵食和清潔，也就是皇帝的貓的御用鏟屎官。

太監們除了鏟屎之外，還需要從宮貓中挑選出最優秀的給皇帝，皇帝如果看中了這隻貓，就會自己養。如果皇帝沒有看上，就會賞賜給親近的大臣們以示恩寵。

明世宗最寵愛的一隻獅子貓叫做「霜眉」，牠有一身順滑的淡青色毛，但眉毛卻瑩白若雪。據說霜眉不但性格溫順，而且善解人意。每當明世宗要選擇夜晚臨幸誰時，都讓霜眉來決定，牠跑到哪個妃子的宮門口，他就去那個妃子的屋中睡覺。

明世宗二十多年都沒有上朝，除了愛貓之外，他一心向道追求長生，經常在宮中念經打坐。這時，霜眉就像老僧坐定一樣在一旁陪著他。因此，明世宗認為霜眉有靈性，喜歡得不行。

但是大家都知道，貓沒有長生不老這回事，時間到了就要回喵星。隨著日子一天天過去，霜眉開始衰老，最終離開了明世宗。明世宗疼惜不已，不僅特地打造一個金棺把霜眉葬於萬壽山之麓，還命令朝中的文臣為霜眉寫詩文弔唁，幫助牠超生。

文臣們接到這麼一道聖旨，都傻眼了，四書五經從來沒有教過人怎麼給貓寫詩文弔唁。這時有一個叫做袁煒的學士，靈機一動寫出了「化獅作龍」的句子來誇讚霜眉。明世宗看後龍心大悅，當即命人將這四個字刻在了霜眉的金棺上，沒過多久就升了袁煒的官，官加一品，入內閣。

能和明世宗相比的，只有他的孫子明神宗朱翊鈞。這位在朝政上前十年奮發圖強，中間十年由勤變懶，最後近三十年萬事不理的皇帝，對貓卻有著一顆持之以恆的熱愛之心。

明神宗雖然沒有做金棺葬貓這種事，但他讓宮貓在後宮的地位提升至最高點，時不時就給心儀的貓加官晉爵，一時宮貓成了當時皇帝常賞賜給近侍宦官的禮。明神宗的博愛讓宮貓們毫無顧忌的放飛了自我，即使在皇宮裡上躥下跳鬧翻天也不會受到呵斥。

那些膽子大的宮貓，遇到了年幼的皇子公主不僅不會迴避，反而會向他們撲過去，嬌生慣養的小皇子公主經常受到驚嚇。

明朝在明神宗長期不理朝政中逐漸走向衰亡，那些被恩寵的宮貓也沒能再次遇到「吸貓」而不可自拔的皇帝。不過到今天，故宮中還生活著一百多隻貓，或許牠們的身上還流著曾經宮貓的血統。

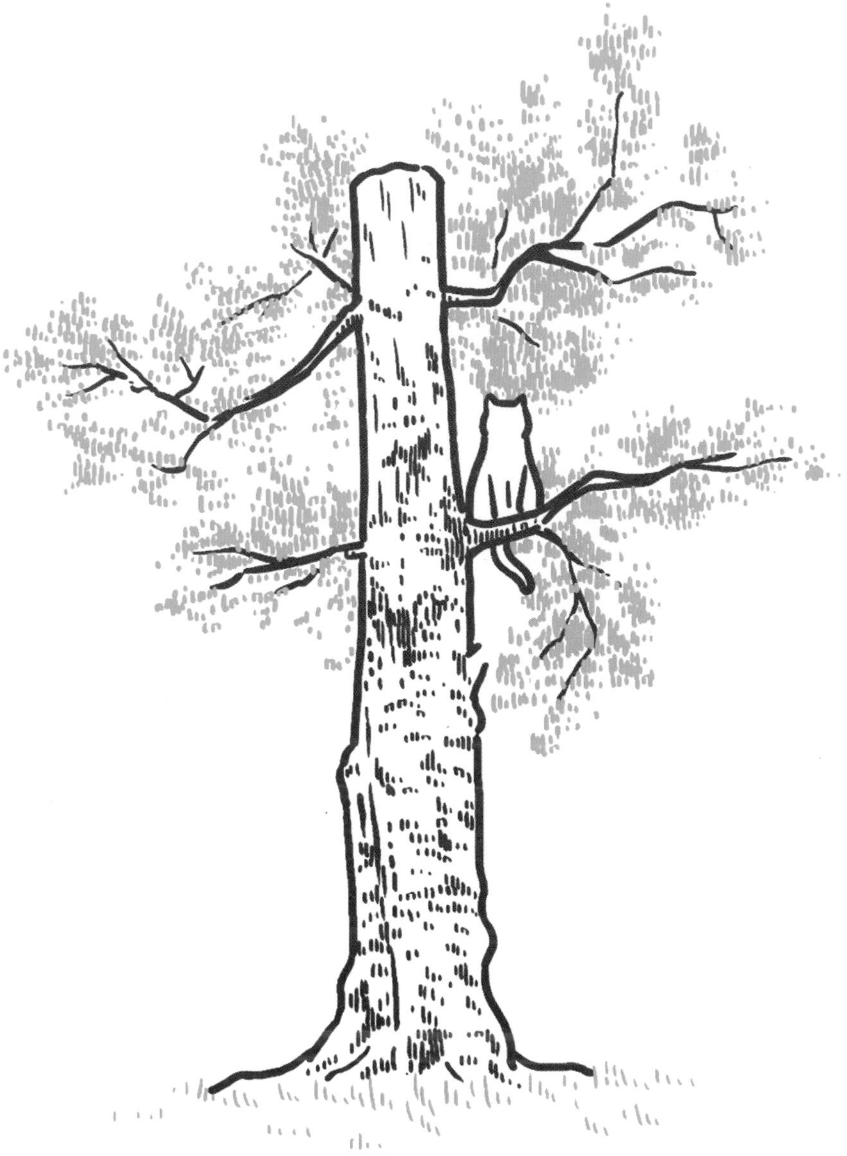

07 浮世繪裡的貓，是一種暗喻

貓在日本是一種人氣非常高的動物，無論是三次元[5]的貓界巨星貓叔[6]，還是二次元的哆啦A夢和 Hello Kitty 都有著大量粉絲。日本民眾的愛貓情結可不是步入現代後才培養起來的，**貓在日本的歷史中一直有著一席之地**。

貓出現在日本最早可以追溯到約西元前一世紀，位於長崎縣壹岐市的一處彌生時代（西元前七世紀至西元三世紀）遺跡中，就考古出土了貓骨。

因為其上留下貓爪印跡，而被收藏的文物在日本也不算少數。比如，在兵庫縣姬路市見野古墳群出土的一件「須惠器」（古墳時代〔四世紀至七世紀〕的典型器物）上，藏在灰色陶器蓋子內側的是，有著五個清晰肉墊印子的白色貓爪印。

還有一件室町時代（一三七八年至一五七三年）城堡挖出的「土師器」（等級比須惠器低的一種陶器）上，也能看到一個完整的貓爪印，展出此器皿的博物館將其命名為「有貓爪印的盤子」。

日本最古老的故事集——平安時代（七九四年至一一九二年）前期的佛教說話集**《日本靈異記》，是最早記載貓的典籍**。該書上卷第三十回中講述了，慶雲二年（七〇五年），豐前國（日本古代的律令制國家，相當於中國古代地方單位的州）有個叫廣國的官員，夢遊黃泉，遇到亡父，亡父告知廣國，如果看見他所化身的蛇進家門，就用木棍趕出去；見到他所化身的狗，則呼喚家裡的狗驅趕；最後看見他所化身的貓，則用一頓盛宴招待。如此，可以幫助亡父早日往生。

歷史學家推測，在平安時代之前，當時為了保護書籍不被老鼠啃咬，一定有一些唐朝的貓被遣唐使用船帶到了日本，這些貓在當時被稱為「唐貓」。對「唐貓」最早、最詳細的紀錄出現在平安中期第五十九代天皇——宇多天皇撰寫的《寬平御記》中。

宇多天皇在後世有個綽號，叫做「貓奴天皇」。他在寬平元年（八八九年）二月六日的日記中寫道：「朕閒時。述貓消息曰。驪貓一隻。……愛其毛色之不類云云。餘貓皆淺黑色也。此獨深黑如墨。為其形容惡似韓盧。」文中出現的「驪」原意是指純黑色的名馬，「韓盧」指的是黑色的名犬。簡單說就是，宇多天皇引經據典，文采飛揚的把自己養的一隻大黑貓誇得跟朵花一樣。

除了宇多天皇以外，第六十六代天皇一條天皇也是一名貓奴。平安時代中期的女

5 三次元是指你自己現在所處的空間；二次元是指動畫、漫畫中的人物；一次元是線條。

6 日本網紅貓，本名小白（shiro），二〇二〇年以十八歲高齡過世。

作家清少納言執筆的隨筆《枕草子》中，就描述了一件天皇的驚人事蹟。一條天皇在自己的母貓生產後，不僅呼喚左右大臣、太后、妻妾為小貓慶生，還授予牠「命婦」的稱號。命婦是指當時宮中爵位在「從五位」以上的女官，算作貴族，可以出入清涼殿，與天皇同座。

不僅如此，天皇甚至派了一位專門顧貓的奶媽伴其左右。有一天，奶媽為了不讓這隻貓在廊下蹲著而進到屋裡，便讓名為「翁丸」的狗嚇唬牠。貓受了驚，逃進屋裡，正巧被一條天皇看到。發怒的天皇把貓抱在懷中，不僅打了狗一頓，還將其流放孤島。

幻化成妖的貓又

到了鐮倉時代（一一九二年至一三三三年）中期，北條實時設立了名為「金澤文庫」的私人圖書館，同時收藏日本和中國的藝術品，是中世紀日本最重要的文化中心之一。人們為了保護裡面的佛教典籍，特地從南宋引進了貓，用於捕鼠。這時的貓不僅擁有寵物這一種身分，還開始「成妖」了。朝臣藤原定家的日記《明月記》中記載了尾巴分叉成兩條的「貓股」，「眼睛像貓，體形如狗」，也就是日本著名的貓妖——貓又。民間也流傳起了貓又的傳說。貴族家中養了多年的黑色公貓成了精，能講人話、能直立行走、能把人變為貓。更恐怖的是貓還可以讓人做噩夢，喚死人起舞，還會奪人屍體。

到了室町時代，貓一改「捉鼠先鋒」的角色，成為珍貴的賞玩動物。當時有很多人都給貓戴上項圈，就像現代的狗一樣，以防走失。不過這一習慣讓豐臣秀吉非常不滿，他特地發布了「不准用項圈繫貓」的禁令，結果鼠害銳減。不過豐臣秀吉自己也因此弄丟了愛貓。

他在遷移至大阪城後，養了一隻貓，愛不釋手。十年後，已經年長的貓無故失蹤了，豐臣秀吉命令家臣淺野長政盡全力搜尋愛貓下落。照當時的規矩，找不到的話可沒什麼好下場，說不定會被要求切腹謝罪。淺野長政到處打聽，終於得知伏見地區有一隻黑貓與兩隻虎斑貓，趕忙寫信給當時在伏見負責建築伏見城的野野口五兵衛，請求五兵衛幫他收購兩隻虎斑貓中較漂亮的那隻。至於結果到底有沒有讓豐臣秀吉滿意，沒留下紀錄，我們也不得而知。不過至少可以知道，淺野長政活得比豐臣

秀吉（一五九八年去世）要久，直到一六一一年才去世，終年六十四歲。

到了江戶時代（一六〇三年至一八六八年），貓不再只是貴族的寵物，開始進入尋常百姓家。日本停止了戰亂，並開始製造大眾流行文化，人們有了閒暇的時間和新的休閒方式。現在到處可見的招財貓就源自江戶時代。招財貓的出處有著幾個不同的版本，最常見的是「豪德寺說」。

位於東京世田谷的豪德寺俗稱「貓寺」，寺內遍地是參拜者供奉的招財貓。豪德寺如今香火旺盛，但它在日本江戶時代初期卻門可羅雀。一天，彥根藩主井伊直孝與家臣們騎馬路過豪德寺，忽然看到寺門前有一隻貓「舉手」招呼他們，以為是要眾人入寺休息，便下馬往寺裡去。前腳剛進寺，天上忽然雷雨交加。井伊直孝認為是貓的招手讓他們躲過了雷雨。後來，豪德寺就在井伊家的庇護之下興旺起來。

第二種流行的說法是「花魁薄雲說」。傳說江戶時代最有名的花柳街——吉原有位花魁，名叫薄雲，很喜歡貓，養了一隻三花貓，取名為「玉」。薄雲與這隻貓形影不離，甚至上廁所時，貓都會跟在身後。不久，就有人造謠薄雲中了「貓魔」，被貓攝了心魄。為了保住薄雲的名氣，不被謠言中傷，妓院院主便趁薄雲不備殺了「玉」。有位遊客聽說此事，特地從長崎訂購了沉香木，刻成貓招手的模樣，送給薄雲。薄雲果然愛不釋手，忘記了痛失愛貓的悲傷。因為這件事情，薄雲在整個江戶的名氣反而更大了。在她過世後，這個木雕招財貓被送到寺院內供奉，招財貓的形象也流傳開來。

在江戶時代，人們沒有網路，但他們有浮世繪。**浮世繪畫師歌川國芳是一名鼎鼎大名的貓奴**。作為日本江戶時代的文藝「悶騷」男，他因畫梁山好漢而出名，但最終為後人稱道的是他畫的貓。他的弟子們說他愛貓成痴，特地在庭院裡養了很多貓，如果有貓不幸去世，他還要立個墓碑哭上一場。他和魯迅一樣有許多筆名，只不過其中很多都嵌入了「貓」字，有「一妙開貓好」、「白貓齊由古野」、「五貓亭恰好」、「養白貓恰好」、「三返亭貓好」等，甚至連印章也畫成貓的樣子。

真正暴露歌川國芳貓奴本性的，是他所繪的〈貓飼好五十三疋〉（見下頁圖4-8）。這幅圖參照了歌川廣重（同為江戶時代的浮世繪畫師）的〈東海道五十三景〉，但他將地點都置換成貓，每個驛站都用一隻或數隻貓咪來指代。比如起點是日本橋，由於日語中日本橋和「兩條鰹魚乾」發音類似，所以歌川國芳讓指代日本橋的貓咪嘴巴裡叼了兩條鰹魚乾。歌川國芳在教授弟子時，總是讓弟子以貓為對象練習素描。據說他的家裡不但有貓靈牌，而且每隻貓都有各自的履歷書。

在江戶時代，**人和貓的距離變得更近了。浮世繪中的貓開始打扮成人的樣子，做人類會做的事情**。被描繪成名歌舞伎演員的貓，在十九世紀中期成為一種新常態。當時的政府禁止張貼演員和妓女的照片，認為這樣不利於公共道德。當然，藝術家們總能找到解決的方法。他們轉而利用貓來刺激大眾的名人崇拜。例如，把江戶時代的明星模擬成各具特色的貓，畫在浮世繪上，或者借著貓的口隱晦的訴說一些故事。

▲圖 4-8 〈貓飼好五十三疋〉，這幅圖參照了歌川廣重的〈東海道五十三景〉，但他將地點都置換成貓，每個驛站都用一隻或數隻貓咪來指代。

附錄

01 貓科分類表

豹亞科 Pantherinae	豹族（世系1）	豹屬 *Panthera*	• 獅 *Panthera leo* • 美洲豹 *Panthera onca* • 豹 *Panthera pardus* • 虎 *Panthera tigris* • 雪豹 *Panthera uncia*
		雲豹屬 *Neofelis*	• 雲豹 *Neofelis nebulosa* • 巽他雲豹 *Neofelis diardi*
貓亞科 Felinae	金貓族（世系2）	紋貓屬 *Pardofelis*	• 紋貓 *Pardofelis marmorata*
		金貓屬 *Catopuma*	• 婆羅洲金貓 *Catopuma badia* • 金貓 *Catopuma temminckii*
	獰貓族（世系3）	藪貓屬 *Leptailurus*	• 藪貓 *Leptailurus serval*
		獰貓屬 *Caracal*	• 獰貓 *Caracal caracal* • 非洲金貓 *Caracal aurata*
	虎貓族（世系4）	虎貓屬 *Leopardus*	• 虎貓 *Leopardus pardalis* • 小斑虎貓 *Leopardus tigrinus* • 長尾虎貓 *Leopardus wiedii* • 山原貓 *Leopardus jacobita* • 南美草原貓 *Leopardus colocola* • 南美林貓 *Leopardus guigna* • 喬氏貓 *Leopardus geoffroyi* • 南方虎貓 *Leopardus guttulus*

（接下頁）

貓亞科 Felinae	猞猁族（世系5）	猞猁屬 *Lynx*	• 加拿大猞猁 *Lynx canadensis* • 歐亞猞猁 *Lynx lynx* • 西班牙猞猁 *Lynx pardinus* • 短尾貓 *Lynx rufus*
	美洲獅族（世系6）	美洲金貓屬 *Puma*	• 美洲獅 *Puma concolor*
		細腰貓屬 *Herpailurus*	• 細腰貓 *Herpailurus yagouaroundi*
		獵豹屬 *Acinonyx*	• 獵豹 *Acinonyx jubatus*
	豹貓族（世系7）	豹貓屬 *Prionailurus*	• 豹貓 *Prionailurus bengalensis* • 扁頭貓 *Prionailurus planiceps* • 鏽斑貓 *Prionailurus rubiginosus* • 漁貓 *Prionailurus viverrinus* • 婆羅洲豹貓 *Prionailurus javanensis*
		兔猻屬 *Otocolobus*	• 兔猻 *Otocolobus manul*
	貓族（世系8）	貓屬 *Felis*	• 沙漠貓 *Felis margarita* • 黑足貓 *Felis nigripes* • 叢林貓 *Felis chaus* • 歐洲野貓 *Felis silvestris* • 非洲野貓 *Felis lybica* • 荒漠貓 *Felis bieti* • 家貓 *Felis catus*

02 16 種天然品種貓

天然品種貓	
阿比西尼亞貓	Abyssinian
美國短毛貓	American Shorthair
伯曼貓	Birman
英國短毛貓	British Shorthair
緬甸貓	Burmese
沙特爾貓	Chartreux
埃及貓	Egyptian Mau
科拉特貓	Korat
緬因貓	Maine Coon
曼島貓	Manx
挪威森林貓	Norwegian Forest Cat
波斯貓	Persian
俄羅斯藍貓	Russian Blue
暹羅貓	Siamese
土耳其安哥拉貓	Turkish Angora
土耳其梵貓	Turkish Van

03 貓的系統發育樹

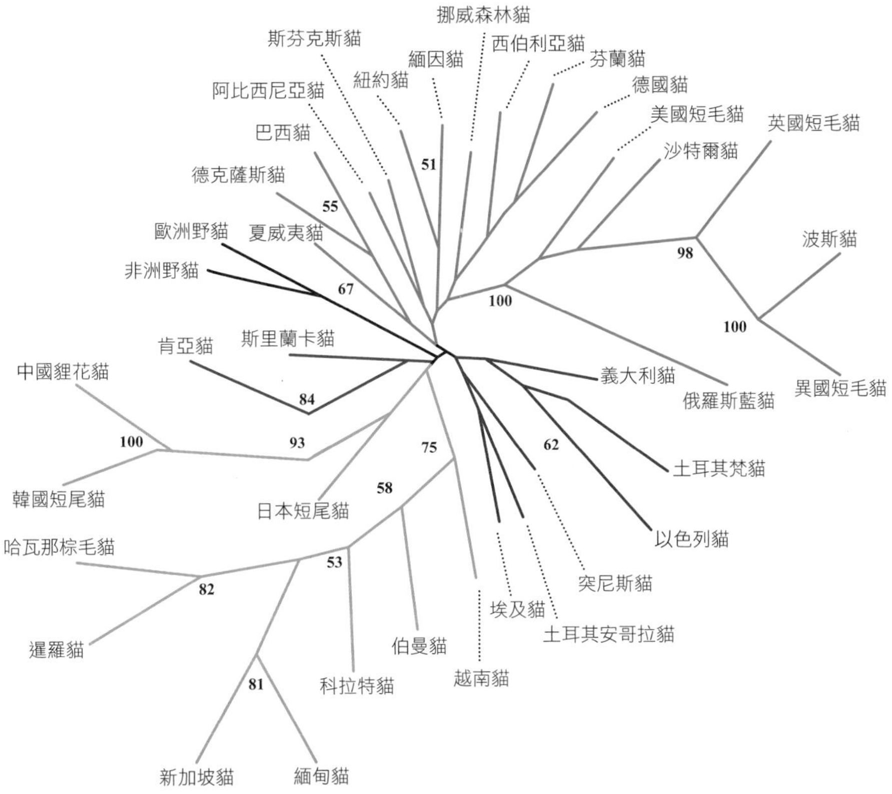

▲**圖 A-1**　亞洲（綠色）、西歐（紅色）、東非（紫色）和地中海地區（藍色）種群形成了明顯的單細分支。

04 貓眼識別指南

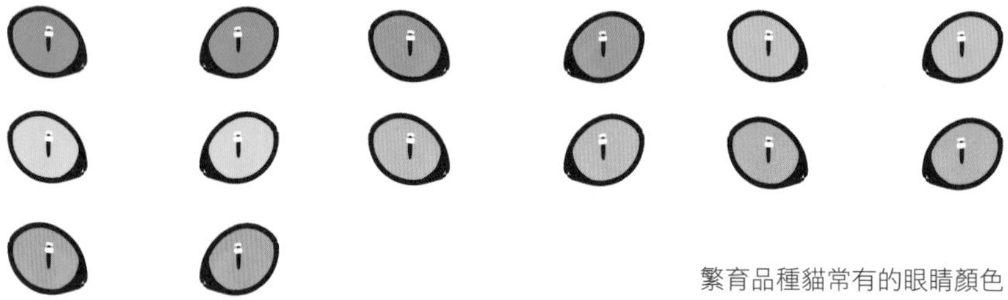

繁育品種貓常有的眼睛顏色

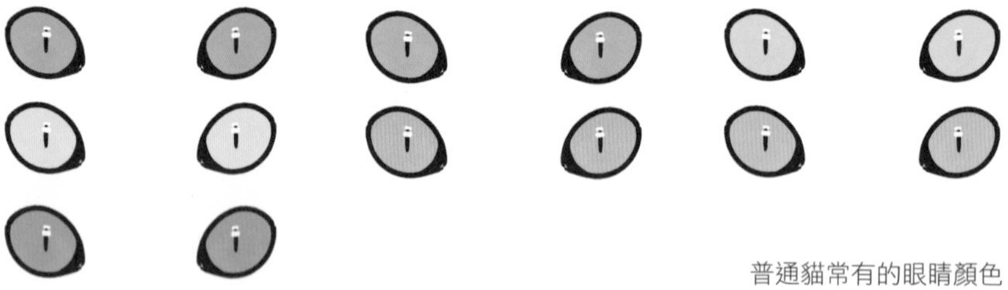

普通貓常有的眼睛顏色

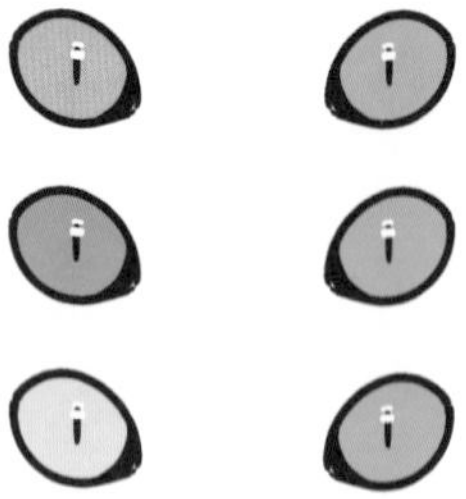

異瞳貓常有的眼睛顏色

白化病貓常有的眼睛顏色

眼睛部分異色的貓常有的眼睛顏色

國家圖書館出版品預行編目（CIP）資料

總有一天會養貓：你與幸福的距離，只差一隻貓。有六貓一狗的化學博士，用10年鏟屎官經驗加科普精神，理解喵食喵事。／斑斑著、阿科繪.
--初版-- 臺北市：任性出版有限公司，2023.06
288面；17×23 公分. --（issue；052）
ISBN 978-626-7182-28-4（平裝）

1. CST：貓　2. CST：寵物飼養

437.364　112005017

issue 052

總有一天會養貓

你與幸福的距離，只差一隻貓。有六貓一狗的化學博士，用10年鏟屎官經驗加科普精神，理解喵食喵事。

作　　者／斑斑
繪　　圖／阿科
責任編輯／蕭麗娟
校對編輯／連珮祺
美術編輯／林彥君
副總編輯／顏惠君
總 編 輯／吳依瑋
發 行 人／徐仲秋
會計助理／李秀娟
會　　計／許鳳雪
版權主任／劉宗德
版權經理／郝麗珍
行銷企劃／徐千晴
行銷業務／李秀蕙
業務專員／馬絮盈、留婉茹
業務經理／林裕安
總 經 理／陳絜吾

出 版 者／任性出版有限公司
營運統籌／大是文化有限公司
臺北市 100 衡陽路 7 號 8 樓
編輯部電話：（02）23757911
購書相關資訊請洽：（02）23757911 分機 122
24 小時讀者服務傳真：（02）23756999
讀者服務 E-mail：dscsms28@gmail.com
郵政劃撥帳號：19983366　戶名：大是文化有限公司

法律顧問／永然聯合法律事務所
香港發行／豐達出版發行有限公司 Rich Publishing & Distribution Ltd
地址：香港柴灣永泰道 70 號柴灣工業城第 2 期 1805 室
Unit 1805, Ph. 2, Chai Wan Ind City, 70 Wing Tai Rd,Chai Wan, Hong Kong
電話：2172-6513　傳真：2172-4355
E-mail：cary@subseasy.com.hk

封面設計／孫永芳
內頁排版／ Judy
印　　刷／緯峰印刷股份有限公司
出版日期／ 2023 年 6 月初版
定　　價／新臺幣 390 元（缺頁或裝訂錯誤的書，請寄回更換）
ISBN ／ 978-626-7182-28-4
電子書 ISBN ／ 9786267182307（PDF）
9786267182314（EPUB）